打理家务 调整自我

日常生活中的身心澄净术

[法] 多米尼克·洛罗 著
陈佳欣 译

生活·讀書·新知 三联书店

图书在版编目（CIP）数据

打理家务 调整自我：日常生活中的身心澄净术 /（法）多米尼克·洛罗著；陈佳欣译. —北京：生活·读书·新知三联书店，2020.8
ISBN 978－7－108－06884－2

Ⅰ. ①打… Ⅱ. ①多… ②陈… Ⅲ. ①家庭生活－研究 Ⅳ. ① TS976.3

中国版本图书馆 CIP 数据核字（2020）第 104489 号

特邀编辑 李 欣
责任编辑 徐国强
装帧设计 薛 宇
责任校对 陈 明
责任印制 徐 方
出版发行 生活·讀書·新知 三联书店
（北京市东城区美术馆东街 22 号 100010）
网 址 www.sdxjpc.com
图 字 01-2017-7296
经 销 新华书店
印 刷 北京隆昌伟业印刷有限公司
版 次 2020 年 8 月北京第 1 版
2020 年 8 月北京第 1 次印刷
开 本 880 毫米 × 1230 毫米 1/32 印张 7.125
字 数 116 千字
印 数 0,001－6,000 册
定 价 38.00 元
（印装查询：01064002715；邮购查询：01084010542）

CONTENTS [目录]

我成年之后一直在日本生活，因而在潜移默化中受到了日本文化的影响，它已经左右了我在不同领域的价值观，其中就包括女性在家中所扮演的角色。在日本，女性看待家务的视角与法国不尽相同。日本女性很少会质疑，到底是否应该承担家务。对她们来说，房屋就像是身体的一部分（而男性往往是缺席的），所以她们理所应当会负起打理家务的责任……就像照顾自己一样。

——多米尼克·洛罗

前言

扫把之中隐藏着秘密和智慧的宝藏。

——让 - 克洛德·考夫曼（Jean-Claude Kaufmann）[①]

《工作的核心》

为什么要做家务？多数人可能会回答说，因为不得不做，仅此而已，就像吃饭、睡觉、洗澡一样。但做家务的意义却不止于此。做家务除了能使一个家显得整洁一新、井井有条外，

① 让 - 克洛德·考夫曼，生于 1948 年，法国社会学家，作为研究婚姻与日常生活问题的专家，他还著有《单身女人与白马王子》《婚姻的网状结构》《家务行为理论》等书。——译者注，后同

还能荡涤人的心灵。

个人生活得以发展是一切的根基。归根结底就是要通向一个目标：培养一种心理状态，使人的压力能得到释放，不产生负面情绪或不安全感，也不受到外界的控制。要记住，知识累积的秘诀蕴含于日常生活中，不仔细观察点滴的细节就难以形成精深的思想。

我在一座日本寺院修行时，真正意识到打扫卫生对于禅宗信徒究竟意味着什么。我还摘编了自己在寺院中的日记来阐述本书中的部分章节。在日本这个全世界最干净的国家生活了三十多年，我愈发意识到，深入彻底、持之以恒地做好家务绝不属于怪癖。

生活节奏日益加快，人的内在价值被社会身份剥离，做家务便成为一剂良方，有待人们从头学习。如今，家居环境发生了巨变，天然材料被合成制品取代，电子设备越来越盛行。过往的时代一去不复返，那时人们还会打开精美的樱桃木衣橱，整理上浆的寝具。风俗习惯在一两代人之间就发生了变化，人们抛弃标准，放任混乱，忽略家务，并无视家庭的和睦。有一门学问有消失的趋势，那就是缓慢、深刻而简洁的日常生活的艺术，它渐渐被人们遗忘。

家务可以成为一种乐趣、一门艺术、一次心灵修行——只要通过做家务就能够找回为自己而活、好好打理生活的愿望，寻回那些亘古不变的价值。

第一章 家务也要运筹帷幄

1 房间干净整洁的益处

个人形象加分

擅长打扫、烹饪和洗衣的女子更加贤惠，更受尊敬。

——日本俗语

住宅是我们安身立命的关键要素。它能让我们在疲惫不堪时得到休整，重新获得能量。它如同我们的避风港一般，成为继人的衣服之后的第三层皮肤，是我们身份的象征。有些日本设计师甚至还会根据客户的血型和星座来设计居住环境。

如果我们想和外界环境及自身心灵协调发展，那就应该和家居保持和谐。家居折射出我们是谁，我们希望成为或呈现的样貌。如果我们追求良好的个人形象，那就必须坚持内在高标准：干净、整洁、和谐及健康。

不管事物是奢华的还是朴素的，只有在我们对它投入关心和热爱时才会真正体现其价值所在，也唯有如此，才能给我们带来平衡感和安全感。

要真正成为自我，就要处于良好环境和最佳状态之中。日本武士道修养书《叶隐》中提出一种基本守则：每天都要对个人身体以及各种事务（包括家务）做好万无一失的周全准备。因此武士会关注自己的指甲和发型，确保每天早晨的内在状态井井有条，从而保持平和从容，甚至随时都可以慷慨赴死。

如果身体是心灵的外在形象，那么家居就应该是身体与心灵的双重“窗口”。

与内在融为一体

4:30——打扫佛堂。我必须清洁所有香炉，将香灰压得紧实平整。这需要全神贯注，而我对这个工作乐此不疲。

——摘自我的寺院日记

在扫地机器人流行的年代，打扫居室的日常劳动日益被轻视，更多时候它被视为低端的苦差事。而十指不沾任何家务却能得到积极正面的认同。不幸的是，这种认同只存在于社会领域，只会反映非个性化的特征。我们的穿着和别人一样，经常去的地方也和他人相同，最后我们变得毫无个性，泯然众人矣。而恰恰相反的是，一个“完整”的个体应该与周围融通，同时也与其内在心灵融为一体。个体应该像关注外在一样关注内心，从而显示始终如一的自我认同。

拥有居住之所

居所和谐……所有物件都在诉说着过往及和睦。

——鸭长明[①]《方丈记》

除非亲手打理，不然一个地方并不会真正“属于”我们并容纳我们。当我们把家务委托给别人打理，家庭空间就会渐行渐远，变得模糊而陌生。人们也就无法感受到对房子的掌控力。对于有些女性来说（包括我在内），将私人事务委托给陌生人，从某种程度上就失去了自我，泄露了隐私，也撼动了根植于我们内心深处的、完整独特的身份认同。如此一来，我们从各种意义上都无法真正掌控自己的内心，广而言之，就是无法掌控自身；还需要依靠别人的力量来负担自己的生活。此外，家务还能让我们得以自省，反思那些对我们重要的事情。做家务需要动作细致，也能激发我们思考，这使我们与周围事物的关系更加紧密。最终，家务不仅成为“事必躬亲”的最理想方式，而且当我们把家务当作分内事主动承担的时候，它便成为乐趣、

① 鸭长明（1155—1216），日本平安末期歌人，代表作有《方丈记》。

休憩和娱乐。既然如此，何乐而不为呢？

更好地掌控环境

> 每日生活起居，身体锻炼和日程安排，个人乐趣和技能运用中，蕴藏着哲学追求。
>
> ——米歇尔·翁弗雷[①]

古罗马哲学家西塞罗说，只有遵从法则，才能获得自由。自己做家务或者下厨（哪怕就是简单做个煎蛋或沙拉）这种行为，其必要性完全不应该受到质疑，因为这样一来，能量就能用于寻求“真正活着”，而不是“如何活着”。事情越少，就越容易专注，越容易遵守各项规则。这并不意味着要回归过去严格而狭隘的价值观念，而是说，如今我们赋予自己的各种自由实际上成为复杂性的来源。换句话说，我们无法在没有限制的情况下生活，只有

① 米歇尔·翁弗雷（Michel Onfray），生于1959年，法国哲学家、随笔作家。他的思想汲取了尼采、伊壁鸠鲁及犬儒派哲学的精髓，著有《旅行理论》《无神论》《哲学家的肚子》《向森林求助》等。

欣然接受并严格遵守这些限制，才能获得幸福和平衡的状态。

如果规则像监狱的铁窗，那么个人纪律则使我们获得自由。法规是上层（政府、宗教、社会、家庭等）强加的，而纪律则是自己设置的，因为人们知道遵守纪律能够令人受益，比如带来能量或平和。人们能够也理应构建自己的生存法则，与主宰自己的内在法则和谐共处。这种自律能赋予生命广度，使它不受制于环境，成为自己生命的主人。

获得平衡的生活

> 我喜欢用湿抹布擦拭地板，再把地擦干。“清洁沟槽，打扫角落。扫除污垢，驱散阴霾。”一旦一个地方变得干净，房间整整齐齐，我们就能洗个澡，换上清洁的衣服，随后到禅修室集合。此时生活焕然一新，我们整装待发，迈出新步伐。
>
> ——加里·索普（Gary Thorp）《微物之禅》

做家务不仅仅是扫去尘埃，把物件摆放整齐：这些日常行为的实施过程，包含着每日生存的根基。想在某个环境中悠然自得，就要与身处的地方产生联系。一个干净、整洁、舒适的地方能使人增进食欲，装扮得体，维持健康纯净的思维，并获得内心的平衡。这种平衡也会折射在生活的其他层面，改善时间管理，增进人际关系，并进一步促进个人发展……我们的成长和生活处境，在各种维度上都有赖于外表的细节，以及各种家务、收纳整理和衣物洗护的工作。我们如何穿着、如何关注内心，都会影响我们的命运。

汲取更多能量，激发自身活力

> 我对干净十分执迷。当人们谈论起一个人，我总会问这个人是否爱干净……这就如同我会问，这个人是否聪明、诚恳或正直。
>
> ——玛格丽特·杜拉斯（Marguerite Duras）[①]《物质生活》

① 玛格丽特·杜拉斯（1914—1996），法国作家、电影编导。代表作有《广岛之恋》《情人》等。

有些女性说，喜欢做家务是因为它能给人带来洁净的感觉。还有些人则认为，一尘不染的地方本身就能带来能量，也就是说，身处其中，不必操劳其他事，就能让她们充满动力。一旦室内干净整洁，人们就能全身心投入新的任务，或选择悠然自得的状态……由此，人们会产生自由的感觉，有充分的满足感，甚至萌发新的想法，继而能随心所欲地追求个人志趣。我们的“气”便能得以恢复。日本称能量活力为“气”，我们始终在寻求“气”的平衡。一个人会感到疲惫就是因为失去了“气”，但这通常不是身体上的疲惫造成的，而是由于污秽和混乱扰动了身心。因此，做家务的首要价值与其说是消除灰尘或混乱，不如说是激发个人活力。人们能由此更好地感受生活，品味生活。新换的寝具、明亮的窗户、擦净的地板，总会让生活面貌一新。感官越是重新焕发活力，就越能消除疲劳感。通过清洁和整理可以重聚能量，不让自己陷入灰尘和污垢造成的萎靡不振之中。

我们生活空间所散发的气息并给我们营造的感觉是由周围的东西决定的：我们聆听的音乐、准备的食物、交往的朋友、阅读的书籍……因此，使这个空间尽可能保持完美和舒适是相当重要的。“好”的居室会让人忘记其存在。人们便能够全神贯注地沉浸于自己所做的事情。相反，维护不善的房子，长期不打扫、凌乱不堪的居室，会带来阴郁和沉重，削弱思考的能力，“吸走”能量，有时甚至还会影响家庭和睦。在太过邋遢的房子里，很难放松下来，心灵在这种环境下也无法绽放。快乐的人们往往拥有整洁的居室，反之亦然。即使是独居的人也不例外。约五个世纪前的一本日本图书教导我们，即便我们独自一人，也应该像和别人生活在一起一样，要“穿上我们最美的衣服”。我还想补充一句：“得保持居室一尘不染。”

玲子追求干净的秘密

在废弃的住宅里，女子本该离群索居，过着孤独的隐居生活，此时有人秘密拜访了她。在劣质木地板上等候片刻之后，一个平静而年轻的声音呼唤他……居室内部并没有让人失望。远处一盏灯散射着微弱的光线，却烘托出物件之美；一缕不为环境刻意准备的熏香证明了这座住宅中生活的雅致。

——吉田兼好[①]《徒然草》

我的朋友玲子对美丽或昂贵的东西完全不感兴趣，也不讲究时尚的衣着打扮。对她来说，唯一重要的事就是保持干净。而玲子本人正是散发着洁净清爽的气息：不管是她的个人仪表、言谈举止，还是生活态度，莫不如此。她的衬衣总是一丝不苟，生活中非常守时，从不怨天尤人，或是大悲大喜（即便她的独生女两岁时便不幸夭折）。对待家务，她总是说，清洁地面的最佳方法就是用湿抹布擦洗。每天早晨，她都会按时做家务，并且对自己的劳动感到十分自豪——她会打开窗户，用掸子用力拍打，等灰尘落下后再吸尘清理；随后，她会用湿抹布擦洗家具，最后把门把手也擦拭干净。下雨的周日是她最喜欢的日子之一。当她做好家务，雨水洗濯了万物，她待在家中，在一尘不染的小天地中，享受着百无聊赖的至高乐趣。有一回，玲子终于向我道出了喜欢雨天的缘由。那天，我们被镰仓一座寺院

---

① 吉田兼好（1283—1350），日本南北朝时期歌人，又称兼好法师，精通儒、佛、老庄之学，是有名的歌人。其代表作《徒然草》与鸭长明的《方丈记》被并称为日本随笔文学中的“双璧”。

的美景深深感动，寺院的整洁和静谧让玲子联想起自己的秘密。那也是一个雨天。玲子兴奋地感叹说：“好像雨水也来帮忙参与了大扫除呢。”玲子对清洁投入的热情，以及她劳作时穿着的华丽和服，总会让人回忆起昔日的艺伎。

贵格会的鲍勃

> 家务的艺术不再是贵族的专利。它延伸到了各个阶层，适用于不同领域。
>
> ——《法国的家务艺术》(*L'art ménager français*，1952)

我有一个帅气高大的朋友，一头金发，面容俊秀。对他来说，家务是一件极其重要的事。每天早晨，他都会把自己东京的老公寓打扫干净，其清洁和有序程度不亚于禅院。他的邻居笑着告诉我，就连他们所住的两层楼房的外部空间，他也不会遗漏，一大清早，楼梯和门前空地都会看到他扫除的身影。他就是鲍勃，他并不苛求其他人来分担这些工作，他这么做纯粹是为了自己。大家对他也是欣赏有加。他向我解释说，每天他只会彻底打扫家里的某个地方，这个整洁无瑕的空间会给予他第二天继续打扫另一个地方的动力。比如说，他每月会把厨房中的物品彻底清空，把墙面、排风机、冰箱背面等整体清洁一遍。他的生活非常简单，总是先想好解决办法，再着手购买相关物品。他只有一本食谱，是母亲送给他的，他会以此为参考来烹饪各式营养菜肴。四套餐盘、餐具和酒杯就足以招待朋友。他会悉心保养两年来天天穿着的鞋子，每季度上一次貂油，确保鞋子光洁如新。最令人惊讶的是，鲍勃出生于一个贵格会的富裕家庭，他的父亲是一位银行家。他告诉我说，他的家人从不追求奢华。对他个人和家庭而言，简单干净就是一种生活方式，也是幸福的来源。

家务提升士气

为了迎接夜莺出现，我把篱边打扫干净。

——小林一茶[1]

---

① 小林一茶（1763—1827），日本江户时期著名俳句诗人，本名弥太郎，别号菊明、二六庵等，其写作特点主要是表现对弱者的同情和对强者的反抗，主要作品有《病日记》《我春集》等。

英国一所大学的实验室曾对做家务的功效进行了研究。结果表明，每天做 20 分钟家务能减轻压力，缓解情绪问题。此外，做家务与普通体力劳动不同，因为人们在家中感觉更为舒适，特别是对“白领”而言，做家务还有重要的社会功能：当人们能掌控内心时，他们会趋向于更关注家庭，工作起来也会更高效。难以集中注意力是疲劳的迹象，而整理房间恰恰能增强注意力和记忆力。做家务是一种仪式，在此过程中，人们会考虑范围和优先性，需要集中规划各种行动。因此，人们会优先整理某些事务，随后再着手处理其他任务。无论如何，这一规划过程都调动了大脑思考。比如说当人们擦拭灰尘时，清洁到的每个摆件都会勾起一段回忆。相反，一个脏乱的地方却会让人意志消沉——内心被芜杂事务占据，会让我们感觉自己无法掌控自己的房子，也对生活失去了控制。

2　家务：必行之役

抱怨浪费时间

佛祖赐我零星时间，我便用来洗涤衣物。

——尾崎放哉[①]

就如同金钱和爱情的匮乏，缺乏时间是萦绕于我们时代的主旋律。但我们越是似乎节约了时间，就越是抱怨时间不够。有多少女性为没有时间做家务而懊恼不已。

一天，有人建议我不妨把“时间”这个词替换为“兴趣”。如果我们有时间工作，是因为我们对工作有兴趣。如果我们没有时间见某人，是因为我们对此人提不起兴趣。而对于那些我们真

① 尾崎放哉（1885—1926），与种田山头火齐名的自由律俳人。自幼以神童闻，但他放弃了富裕生活，在寺院里以打杂为生，病逝于小豆岛。

正在意的事，我们总能抽出时间去做……这一切都是优先性的问题。花时间好好生活，究竟意味着什么？我们该如何规划生活，规划我们的时间？我们是否有时间去思考这些问题呢？

不要出于义务做事，这是真正的浪费时间

早上我就做好所有家务，这样下午就能空闲下来了。

——我的姨妈

不要把事情一直拖着，直到成为时刻都要负担的重压之时才着手去做。有一个决定应该不难做：首先看清现实，然后思考如何面对。通常只有一个解决办法，就是付诸行动。但遗憾的是，我们中很多人耗费精力所做的事却并非必要，于是日常生活便丧失了时间和基础。渐渐地，我们就陷入了混乱、困扰和麻烦。禅宗说，看清我们面对的事，就会发现前行的方向。任何事都不要拖延到明天。明知某件事必须完成，却能拖则拖，不动手去做，这样不但会产生压力，还是一种逃避，最后往往

会导致失败。恰恰相反，把苦差做完才是忘却烦恼的最好办法，而且克服困难之后能极大鼓舞士气。如果有什么烦恼阻碍了你，就从最让你感到泄气的事着手。如果任务过于庞大，就把它分割开来。老子说：“千里之行，始于足下。”

曾几何时

> 如果我有一头母牛，就该让它为我服务。
>
> ——拉尔夫·沃尔多·爱默生（Ralph Waldo Emerson）

过去，人们花时间打理自家生活（当时人们还没有看电影或收听广播的需求）。年轻女性则学着料理家务。她们得生起火，用沸水消毒衣物……如今，由于科技进步，这些工作变得越来越简单，我们家中都有了水、电、煤气。在富裕的国家，家里也会有洗衣机和电冰箱——我个人认为这是相较过去生活仅有的两项进步（其他发明往往只是新奇玩意儿，令人徒增烦恼而已）。尽管现代生活的便利减轻了家务压力，却并未简化我们的日常生活。曾几何时，家务简单得多：没有这么多电器要清洁、维修，或是由于老化和故障需要更换——而发现这些问题也需要足够的知识，并加倍警惕。所以爱默生的话很有道理……

那么时间确实“节省”下来了吗？一边是把时间花在去沙滩边晒日光浴，一边是静静待在家中，整理打扫，随后欣赏劳动成果，究竟哪个更加惬意呢？终日无所事事，总是把家务交给佣人（却不放心她的劳动效果），随便给孩子找点吃的，叫个比萨或其他外卖，与自己打理家务、劳逸结合的生活相比，是否真的更加舒心呢？亲自下厨、做家务、抚养孩子为什么被认为“不够体面”？但不得不承认，我们社会中就是存在这种观点。

不要试图“节约”时间

每分每秒都不应放弃。瞬间其实是无限的。我们应该把瞬间视为唯一值得安心的所在。要学会从中发现丰富性和潜在性，那里面蕴含了一切。压力和疲劳源于精神游移，因为思虑太多而精疲力竭。思想总是指向对过去的悔恨，或是想象中的未来理想图景。幻想产生于不存在的维度，只会带来痛苦和孤独。只有现在才是真实的，它是生活的力量之源，我们必须由此展开、构建并实现我们的生活。

——安娜·加里格（Anne Garigue）《随心所欲》

要活在当下，就要始终把我们居住的地方和我们生活的每个时刻记在心上。我们今天所做的事是最重要的，因为今天意味着我们的生活又将逝去一天。挥别无用的想法，回归健康、简单及规律的日常必需之事，使每个时刻成为神圣的瞬间，谦逊地向平静的自我致敬，这样无论外部世界如何纷扰艰难，一切都能安然度过。

同时也不要忽视家务的休闲审美趣味。要花时间彻底、仔细地整理和清洁。这些举动和这种时刻会使生活充满意义。做家务的目的是更好地生活，更加收放自如，从而全力以赴使身边一切事物都与此刻所需相契合。

每次只做一件事

面对牵牛花，

原本手中的扫把，

轻轻放地上。

——日本俳句

每次只做一件事比试图同时做完所有事更加高效，事实上这也是把事情做好的唯一方法。同时做三件事会适得其反，因为每件事都无法专注，结果这些事就会令人厌倦。因此，要学会每次只做一件事，然后稍事休息，再开始下一个任务。处理每个新任务都应当头脑清醒，思路清晰，把手上这件事当作头等要务。这样不仅事情能妥善完成，自己也不会感到精神疲乏。

在日本，人们会通过放缓速度来倡行优雅的生活之道。比如当一个人收到一个包裹时，他会意识到，如果流露出好奇心或不耐烦就会显得不雅观，因此他会选择第二天再打开，精心拆去丝带和外包装，仔细地把丝带卷起，将包装纸叠好，然后再关注包裹里的东西。对西方人来说，这似乎是浪费时间。但实则不然，这个人只是花时间来做这些事，他试图通过在小事中训练耐心，掌控自我，从而摆脱所有烦恼和压力。因为他知道，有一天当他投身大事时，他也会报以同样的耐心。日本人之所以花费时间，细致彻底地做家务，也是出于同样的想法。他们知道，日常生活中的大事都是从看似琐碎的工作开始的。他们也知道，把握住了当下才能掌控一天，甚至一生。

日常节奏的重要性

但凡有创新精神的人，都特别善于规划时间，决定自己要做什么。他们对日常生活的节奏非常敏感，关注心理健康和生产效率。对他们来说，遵守时刻表并不是设定限制，而是能让他们和自身生理健康、激素水平和机体状态相适应，与周围环境“相连接”。所以他们能根据每日、每周、每季的节奏规划生活，合理安排好工作或休闲，以及独处或聚会的时间，而他们的每段经历也能因此更为丰富充实。

而说到家务，其原则就是要挑选出居所中的最佳区域，这个地方能给我们带来平静，也能让我们有动力投身工作。生活的质量并不取决于我们做了什么，而是取决于如何去做。

3　如何激发原动力？

抗拒家务是无益的

不管是国王还是穷人，最幸福的都是待在家中的时光。

——歌德

对于我们很多人来说，做家务不是出于自觉，而往往是“看情况”行事。家务常被视为重负和苦差。它并不像刷牙或洗澡一样，是一个我们牢记于心的习惯，我们只会视乎心情，把做家务当作一个选项。就因为这是一个选项，难免会暴露出问题。一个真正的选择应该是自由的，每个选项都是各有利弊的，但住在混乱的家中根本不能成为选择。堆在水槽里的污浊餐具、抽油烟机或是垃圾桶散发的臭味、四处散落的东西，都会令人感到不快，我们只能想办法收拾干净。归根结底，最痛苦之处在于，我们一边把家务活视为负担，一边又得忍受无益身心的脏乱环境。

有时，拒绝比接受更困难。这并不意味着对任何事情都得接受，你至少可以把迎面而来的事物视为机遇和礼物。对有些人来说，某通电话避而不打，可能要比拨打容易。然而，也有可能因为逃避问题，而让问题在心中萦绕不绝，反而得耗费更多思虑。对于除尘、清洁、洗碗这些家务，显然取决于我们怎么来看待它们。如果我们认为它们是负担，那么它们就会成为负担。而如果我们将其视为提高生活质量的手段，那么它们就会成为一种需求。一旦我们认同做家务是有益的，不再陷入是否有意义的无聊论辩，那家务活就会变得更加轻松。

做家务与其说是体力活，不如说是脑力活

世间本无善恶，端看个人想法。

——莎士比亚

当面对强制任务又毫无心思的时候，有人会感到十分艰难

甚至痛苦，觉得力气无处使。但正是这种做或不做的纠结让我们举步不前。为什么要被这种问题困住呢？相对体力活，做家务往往更像是脑力活。

放慢速度，环顾四周。哪些需要清洁、修理？这些东西乱了吗？还有什么脏乱的地方没有发现？每天这些景象传递了什么信息？你看到某处有块污渍，它对你的生活有何影响？把它照亮，仔细地、慢慢地打量一番，你会发现弄干净其实并不费力。只要你每天坚持扫除，污渍就不会显得那么顽固了。

常规与下意识

找到工作的核心，就是依靠内心直觉，在缺乏动力时重新燃起干劲儿。

——让 - 克洛德 · 考夫曼《工作的核心》

上厕所或吃饭都是不自觉的行动，人们不问理由便自然会这么做。做家务也应当如此。最理想的状态是，习惯成自然，下意识地在各种行动中注入干劲儿。这些日常生活中的行为体现着习惯和自觉反应。它们是根深蒂固、确凿无疑的，肢体会自动做出反应。但可惜并非所有人都具备这种确定的下意识反应。有些人就缺乏这一重要的行动力，而这种行动力恰恰是我们赖以维持身心健康的关键。

常规并非一成不变

> 杂物扫成堆，
> 为我垒砌一座山，
> 望向那秋月。
>
> ——小林一茶

当规则被认为是强制的，纪律渐渐成为一种不自觉的行为。人们会愈发自律，形成一种习惯，一种不必费力的松弛状态。

对于我们很多人来说，“常规”是“单调”或“沉闷”的同义词。但不受时间限制，不受责任约束，随心所欲地突破常规真的能获得自由吗？如果我们没有遇到这些微不足道的琐事，那常规生活又该如何定义呢？我们会不会遭遇混乱，陷入无序？我们又能否摆脱自己的生物节奏、日升月落的循环，或是在某些特定时间的人体需求？真正的常规，其实是生活的循环往复，是潜伏于我们日常生活中的工程师。

在《正法眼藏》中，日本佛教曹洞宗的创始人道元禅师曾说，我们每时每刻保持的精神状态都要如同一个将要跃下马背的人。在他落地之前，他所掌握的知识和技巧都毫无用武之地，他没有时间深思熟虑、胡思乱想或是自责，只能借助于自己的内心完成轻盈的落地。当我们面对危险，往往没有足够的时间反应。我们不能举棋不定。很多时候要依靠日常生活工作中的本能反应做出应对。所以，有必要形成下意识行为，来面对突如其来的窘境。否则，我们就会丧失内心的平和。

常规活动平复心灵

> 我对操持家务有很深的体悟。
>
> ——玛格丽特·杜拉斯《物质生活》

用完水槽就清洗，摘下眼镜就收纳好，早上就把地扫干净，都能成为下意识的行为。遵循常规，每个步骤都有条不紊地执行，深知这样做最终能产生良好的效果，这样能使家务成为一种游戏或仪式，毫不犹豫地把事情处理妥当也能获得满足感。迎难而上能够排解精神压力：如果你有一张日常待办事务清单，就不会浪费时间思考什么时间、要在哪里、做什么事，也不会让混乱无序干扰到个人情绪。

打破阻力，享受循规蹈矩

我们会不会刻意思考，起床后是否要刷牙或喝杯咖啡？并不会，因为睡醒后刷牙很舒服，来杯暖暖的咖啡也很惬意。这两个下意识的行为会让我们保持健康，也会带来身心的满足感。

人体总会自然而然地养成某些习惯——不管习惯本身是好是坏。习惯所产生的乐趣会带来能量和干劲儿。我们可以进行28天实验，每天早起打扫房间，一整天都会神采奕奕（根据日本人的观点，28天是形成习惯的一个必要周期）。经过这种实践，身体会感到非常舒适，而不再需要靠内心强调必须坚持执行。因为这是一种自发的需求，就会潜移默化养成习惯。一旦

“恍然大悟”，一切就变得简单起来——人们自然会体会到做这件事的必要性。

形成下意识反应

一整天落雪，
屋顶袅袅升炊烟，
是何其幸福。

——与谢芜村[①]《雪之影》

说到擦窗，会问那天会下雨吗？会浪费时间吗？我还有其他什么更有意思的事要做吗？不如去海滩边，或是打个小盹儿？太多诸如此类的问题阻碍了下意识行为的出现。要让一件任务成为自动反应，就不能给自己犹豫的空间，不能允许自己反复琢磨这件事是否妥当。下意识行为一旦根深蒂固，人们就

---

① 与谢芜村（1716—1783），江户中期俳人、画家。俳谐创作融诸家之长，被誉为天明时代俳谐中兴的第一人。晚年俳谐、绘画均大成，并达到画、俳浑然一体的新境地。著有《芜村七部集》《夜半乐》《摘新花》等。

渐渐找不到其他借口。在选择时越少夹杂思考和感受，越少介入“清醒意识”环节，习惯和行为的链接就越牢固。换句话说，习惯越是被质疑，越是容易失去效力。

当我们想学开车，即便踏上了荒郊野外的路途，也绝不能徘徊不前。开车时，我们要学会形成下意识的行为，而对于做家务，也是一样的道理。

形成家务常规

> 依然渴望每天早晨拂去灰尘的洁净烟盘，向往绿茶的清香，热得恰到好处的清酒，期盼其他一切井然有序……
>
> ——永井荷风[①]《雨潇潇》

① 永井荷风（1879—1959），日本小说家、散文家。主编《三田文学》杂志，倾向唯美主义。主要作品有《隅田川》《争风吃醋》《梅雨前后》《东趣话》等，带有享乐主义色彩。还写有《断肠亭杂稿》《断肠亭日记》《荷风随笔》等散文作品。

应当把每日短暂的常规家务固定下来，你需要做的仅仅是早起 15 分钟。何不确定一套“15 分钟完成 15 步日常家务”计划？请注意：最需费时打扫的地方并无特别之处，往往是使用最多的区域，如厨房、浴室和厕所。

逐项列出需要完成的家务清单，然后决定哪些需要早上完成，哪些可以留到假日进行。

你的日常劳动计划越精确，执行就越容易。当你沿着步骤，把家务拆分成一个个小任务，而非伤筋动骨的重活，家务活就变得轻松起来。你需要把清单分为“简单打扫”和“重点打扫”两部分。前者每日一次，后者每月进行。或者根据你的实际情况，以及你家中的具体要求（比如是大家族，经常要接待客人，等等），分配每周要完成的任务。当然，你也应该充分考虑家庭成员的人数。

你也可以列出一张“如何完成……”的实操清单。每件事情都有特定的解决方案，只要获悉其中的秘诀，就能事半功倍。法国有一个网站 www.comment-faire.fr 可供参考。

部分可行清单

· 每日常规家务……

· 每周常规家务……

· 每月常规家务……

· 每年常规家务……

· 委托他人完成的事务……

常规家务是否人人适用？

> 如果我看到家具上有灰尘，我就会拿起抹布，擦去灰尘。否则我就会觉得似乎自己的精神也蒙上了灰尘。奇怪的是，我并不觉得那是个负担。相反，我感觉每当自己做了清洁工作，就像梳理了心绪一般。
>
> ——一位网友

常规因人而异、因时而异，也依照身体状况等有所差别。关键是要对情况变化有清晰的认识，知道什么时候适合制定计划执行某项常规事务，什么时候可以暂且放下。我们的生活中，这种钟摆现象可谓无处不在。潮汐涨落，精力消长，情绪起伏，诉求和感受时时变化。但人类之所以有别于动物，就在于我们具备自由意志，能够应对这些波动。即便最抗拒常规的人，一旦意识到常规事务对自己是有益的，便能够欣然采纳，并根据自己的个性做出调整。

你可以确立一个操作步骤，依序开展。这样就能避免分心，感觉每件事都没有妥善完成，总觉得还有什么事遗忘了，或者本应做更多事情。早上就把家务安排妥当，然后不再多花精力思考，这样能缓解我们的精神压力。禅宗认为，每天都应尽可能谨小慎微。从保持整洁开始，每刻都要准备就绪，把每天都当作生命中最重要的一天来看待。

你会发现生活发生了变化。这种仪式带来了一种确定性，也会带来更多的平衡感。而如果你把家务转变成一种仪式，那么你会使身心都遵从这种仪式，不会产生犹豫。你会发现追问是否要做某些任务本身就会带来压力：如果我不把所有事做完，那我是谁？生活的意义，做家务的价值何在？我有什么愿望？这是我向往的生活吗？对某些人来说，生活分为两类：一类是平常时光，简单平淡就能满足，比如只有最基本的家务，或者完全没有家务；还有一类是时刻必须“完美无缺”。制定自己的常规事务时，我们不能在截然相反的需求之间反复纠结。再比如对理想生活的不同概念，对自身的不同设想，都不能影响我们的判断。而且，当常规成为仪式，我们的时间也会更有节奏——常规总是标志着前后次序——让我们在不同活动的过渡之间游刃有余。

调整辛苦的常规

操持家务日，
神灵佛祖在屋外，
栖身草丛间。

——正冈子规[1]

你可以问问自己有没有从正在做的事情中感受到快乐和轻松。生活对你来说是不是负担或斗争？如果你没有从此刻完成

① 正冈子规（1867—1902），日本明治时代著名诗人、散文家，作品有《月亮的都城》《花枕》《曼珠沙华》等。

的事情中感受到快乐的话，你所需要改变的不是所做的事，而是做事的方法。

我们不能一次做完所有事情，而应该逐一完成。所以我们只能以平和的心态，同时充满热情和愉悦地履行当下的职责。我们应当分秒必争，只争朝夕。一件事情一旦决定了就要趁热打铁。想到就应立即做到，迈出第一步，早早打下基础，采取措施，第一时间投入其中，因为每个逝去的瞬间都意味着挥霍精力、浪费金钱及空掷财富。工作就是生活，而生活需要充盈着快乐。

习俗因地制宜

变换了衣装，
在那巨大皮箱里，
春日已逝去。

——井原西鹤[①]

---

① 井原西鹤（1642—1693），日本江户时代小说家，俳谐诗人。妻子病故后削发修行，并周游日本各地。以散文形式写出第一部艳情小说《好色一代男》，被认为是日本文学史上“浮世草子”（社会小说）的起点。另著有《好色二代男》《好色一代女》《日本永代藏》《世间费心机》等。

过去在欧洲，人们会在春天做家务，称之为“白色大扫除”。某些印第安部落在迎接新年时也有煮沸消毒（比如厨具、衣物等）、食用轻泻植物清理肠胃或守斋的习俗。

日本人也会在新年前进行大扫除，所有人都会参与。地铁站的职员会进行一次彻底的清洁；办公室里，人们会利用节前的两到三个工作日，把所有文件整理一遍，清理抽屉，把地板、天花板和玻璃窗都擦洗干净……有些日本人还会利用新年把家用织物都彻底更换一新。但我最欣赏的是他们的换季习俗，就是把衣橱里的冬衣都换成夏衣。日本的家庭主妇会在10月1日、6月1日进行换季衣物的全面换洗，送去熨烫、清洗、放入收纳袋，防止受潮和虫蛀，这是季节更迭的一个标志。人们意识到一个循环已经结束，下一个季节即将到来。而当打开衣橱，发现里面的衣服正好能够立即上身，是一件多么愉快的事！

做家务的最佳时间

晚上做家务会带来厄运。

——土耳其谚语

我们从大自然中可以学习到很多东西。最理想的状态是日出而作，一日之计在于晨。此时，大多数人还在睡梦中，周围环境也还未受思绪和活动的干扰。这便是做家务的最佳时间。一夜睡眠休息之后，身体需要重新活动起来。而经过一系列强度较小的身体运动，头脑也能保持清醒。每周可以空出一个休息日来做家务，星期日可以完全放松下来，星期六早上做一个相对平日更深入的清洁，为下一周的生活，也为周末下厨进行一次大采购，晚上去看望朋友，而周日则能享受整洁环境带来的平静，体验闲适假日的自由自在，可以出门散步，也可以阅读，想读多久就多久。只要对日程安排做出清晰合理的规划，就不会感到虚度光阴。始终要认识到，生活的核心是让家庭空间成为个人建设的成果。我们是自己的时间和生活的建筑师。

禅寺生活中的时间规划

禅宗里有一种独特的方法，可以平衡生命的压力、节奏与和谐。

——西村惠信[①]《禅寺生活日志》

佛教中有一个共识，就是我们无法摆脱生活的无常和日常的重复。无论我们是谁，不得不接受这两个恒常的事实。所以，禅宗寺庙会制作一个年历，尽可能平衡安排一年间的各种活动，当然会包含不可预测的或想象中的事件，以及相应的时序节气，寺庙中个体的需求也会纳入考虑。

寺庙中不同日期有各种不同的活动，连接着时序，标志着时节之间的停顿，它们虽显得微不足道，却为时间赋予了连续性。这与我们忙碌、激烈的生活形成了鲜明的反差！寺庙中的生活极其人性化：努力工作，然后休息；禅坐冥想，继之以清洁工作和园艺劳动；粗茶淡饭，之后是美味面食；每个季度密集的禅修（整整一个星期，每天面壁冥想 17 小时），随后迎来节庆，轻松的冬至夜晚充满清酒和欢笑……

管理好时间，重视家务活动、放松休息以及脑力劳动，这

---

① 西村惠信，日本当代禅宗大师，文学博士。曾任京都花园大学校长，现任禅文化研究所所长。著有《究明己事的思想与方法》《无门关》《跳动的智慧》《禅师的眷念》《无门关漫步》《临济录断章》《十牛图新解》等。

是获得平衡安宁生活的基础条件。无论常规家务是每日进行还是时断时续，是偶尔为之还是频繁密集，我们都应当意识到，它决定了我们的生活质量。

4　身体与心灵的互相关照

不活动会引发疾病

合抱之木，生于毫末；九层之台，起于累土。

——老子

不能否认，有一定数量的疾病是由情绪紊乱、缺乏锻炼引起的——许多专家也持同样的意见。人们处于比较脆弱的状态下，更趋向于遗忘一点，就是只有行动起来，才能体现一个人的身份和价值。所以，劳动（或者说做家务）就代表着某种形式的疗法。其原理来源于体力劳动疗法，并在古罗马时代，通过希腊医学家盖伦得到了进一步发展。盖伦主张，劳动是最好的药方，甚至还是获得幸福的源泉。这种疗法在 18 世纪时的欧洲重新被用于治疗心理疾病。当病人的注意力集中于劳动时，精神就会从烦恼中转移开，积极投入生理活动中，从而得以从芜杂的情绪困扰中解脱。当他完成了一项体力劳动，他会发现自己能够实现并衡量自己的能力，能从个人焦虑的恶性循环中解脱。从中可知，做家务也能有利于缓解负面情绪，重建内心平静。

厌倦家务的人也厌倦自我

如今，我们的文化总是被意义驱动，渴求的是自身与世界和他人产生连接，这意味着心灵的真正滋养。

——卡尔·奥诺雷（Carl Honoré）[①]《慢活》

人们往往会因为自己一事无成而感到厌倦，而他们之所以什么事也不做，是因为在他们看来，任何事都对生活没有意义。有时，他们会发现一件新鲜事，认为可以带来其他新鲜体验，

① 卡尔·奥诺雷，生于1967年，加拿大记者，撰写了有关慢生活的国际畅销书《慢活》。2008年，他出版了一本新书《压力之下》，该书推广了一种更轻松的抚养和教育孩子的方法——慢育。

但他们很快就不耐烦起来，再一次感到索然无味。新鲜事早早成了老套路，而获得个人意义的承诺也总是一再延迟。最糟糕的是，这种倦怠感会令人产生一种印象，仿佛自己没有“活着”，过的是一种狭隘、闭塞的生活。我们避之不及，它使我们无法通达生存的根本要义。

我们当然不能为了填补烦闷而做家务。相反，做家务是一种接纳生活、接纳日常、维护环境的方式；如果不做家务，我们的生活无法正常运转。

如今，我们有许多期待和需求都得到了满足，但依然会有缠绕不绝的空虚感。禅宗教导我们说，只有在照料自己、保障个人需求的时候，人们才能真正发现生活的意义。现代科技和消费主义却让我们遗忘了这一点。

做家务，就是我们发现自身的独特之处、找到自身存在的乐趣所在。这意味着要实现温饱，获得一个避风港，寻找到幸福。要获得幸福，首先是不让外部世界影响我们，而是让自己的内在心灵得到休憩，从某种程度上就是不再需要悲喜的刺激。我们由此发现一种极大的益处：感觉到自己的存在，并且有尊严、有平衡感地活着。

把做家务当作一件待办任务，当作一个下意识行为，负责任并有规律地完成，从中所获得的洁净感是不同寻常的，这与广告中所鼓吹的毫无人情味的消毒、卫生没有关系。

做家务：抗击生活困境

> 我喜欢坐在收拾得井井有条的办公室里。室内整洁有序，每件物品摆放得当，遵从不变的仪式，这会让人感到自由自在。在恪守这些常规的同时，我们对时间的安排也会更加从容。
>
> ——多米尼克·罗兰（Dominique Rolin）[①]

现代生活的压力之下，越来越多人感到疲惫和焦虑。为了缓解这种生活困境，人们会自我放逐，投入游戏和娱乐中，在电视机或电脑屏幕前放空自己，或是来到人多嘈杂的地方进行宣泄……他们的精神习惯于漂移，焦虑由此产生，混乱感也随

---

① 多米尼克·罗兰（1913—2012）在大约六十年的时间里，她在法国小说创作中发展出独特的女权主义声音，将自传与小说完美融合。

之出现。

如此这般沉溺于娱乐会使他们逐渐失去行动力，变得随遇而安，失去将周边一切事物安排有序的勇气和意愿。他们也会因此变得不愿意承担责任，失去对生活的控制力。然而，恰恰是因为有了这种控制力，人们才能积极进取，有所创新。

在《心流：最优体验心理学》一书中，米哈里·契克森米哈（Mihaly Csikszentmihalyi）[①]强调我们可以花很多时间坐在电视机前，但这样不会给我们带来具有实质性的满足感。而我们对所做事情最投入的时刻，我们生活得最充实的时刻（所谓理想体验），却发生在空闲时间要求我们积极参与的劳作中。

专注、投入、挑战、能力，对事物的掌控，都是这种体验的特点。

独居的人会知道无所事事的危险。他们会要求自己执行一系列常规活动：早起、洗漱、做家务、洗衣、做饭……他们知

---

① 米哈里·契克森米哈，1934 年生于意大利，22 岁移民美国，是一位匈牙利籍心理学家。他是芝加哥大学心理学系的前负责人，现为克莱蒙特研究生大学的杰出心理学和管理学教授。在具有开创性的作品《心流：最优体验心理学》一书中，他提出：人们在心流状态下最为快乐，这是一种人们因为深度沉浸在一项活动中而忽略身边一切事物的状态。

道这些习惯会给他们的生活带来秩序，而只有通过维持这些活动，坚持执行这些常规事务，他们才能摆脱孤独和抑郁的折磨。

专注于需做之事，拒绝消沉

> 流浪的帐篷，空寂宁静，临时的和平之地，戒除急躁的训练。安宁，漫无目的的等待。逃离的密集享受。面对日常任务，一遍遍重复跪坐之人的动作。匹配呼吸节奏的苦行。并不付出，亦不接受。道路是生活，剥离，留下衣着与授职。
>
> ——维尔内·郎贝西（Werner Lambersy）[①]
>
> 《茶室与茶艺师》

专注于需要完成的事，付诸行动，能使精神免于游走，不耽于空想。不同于回溯过往，我们应当专注于生活在此刻，争

① 维尔内·郎贝西，出生于 1941 年，被誉为比利时“当今最著名、最有影响和读者最多的法语诗人之一”，他以其独特的诗风和精湛的诗艺在法语诗坛独树一帜。

取现在所需要实现的东西。关注当下，清除我们目前不需要的事物，为生活带来一种清新之风。禅宗坚持认为，绝不应该把身体与精神分割开，或是把对于抽象以及日常的认知割裂开。禅宗教导我们，我们居住的地方洁净与否很自然会影响到我们的精神状态。这也会体现在我们身上发生的事上，或者折射在我们的生活中。

清洁地板时，把地面擦拭得光洁如新，能使我们的精神获得一个绝佳的舒缓机会，从而忘却忧虑。洗碗时，用热水冲洗，看见餐具重新变干净，只要花费一点儿工夫，就能感受到无比简单的乐趣！如果每件事情都能像这样事半功倍，将会妙不可言！事必躬亲的劳动会令人深感舒心满意。

正如禅宗所教诲的，“切勿忧虑”，要扫除过往、忧愁和烦恼。学会彻底地做家务，卸下身上的负担，摆脱生活强加于你的重压。

放慢速度，缓解压力

做家务，扫把、抹布都是我们拓宽视野的入口。

因为家务世界并不是独立的世界。这个秘密构造在很多其他地方转动齿轮：连接简单行动，使平凡的生活得以蓬勃发展。

——让－克洛德·考夫曼《工作的核心》

如果你没有面临压力，那么快速高效地做家务是最理想的。但如果你需要变化速度，找到平和生活的节奏，那么就要把动作速度放慢，这样仅用几分钟你就能找到内心的平静，尤其是更新感受力与周边环境的连接。

理想状态下，家务应该是一项慢速的活动。做家务真正的快乐，与其说来自最终取得的成果，还不如说取决于我们投入其中的时间。家务甚至还能让我们学会放慢速度。放慢速度能有助于梳理错综复杂的思绪。这是一种厘清思路的绝佳方式。卡尔·奥诺雷在《慢活》一书中提出，打毛衣对于找到内心平静很有价值。当我们的幸福变得愈发短暂和表面化时，在日常体力事务中放慢速度，能让我们重拾与生活的直接联系。放慢节奏也是克服烦恼的一种方法。禅师教导我们，生活中要尽可能有意识地实施较少的日常行为，因为我们可以从简单日常中获得灵感。全然接受能让我们专注面对世界的震动，拂晓天色的微变，生活中万事万物的缓慢变化。

重复动作和完成任务使我们放松

家务……这是首要的，也是最简单的心灵劳作。

——让－克洛德·考夫曼《工作的核心》

瑞士日内瓦州议员夏尔·贝尔（Charles Beer）曾说过，洗衣服、做家务，做各种可量化的具体劳动，能让他感到轻松。扫地、洗碗，有节奏地重复一个行为、一个动作，能使人冷静下来，减缓焦虑和压力。相反，无节奏、不规律会使人感到疲劳，因为人的意志、个人意识和注意力都会消耗得更多。全情投入地进行体力活动是心理健康的灵药。而且，完成某件事能带来轻松感。根据心理学家布尔玛·蔡格尼克（Bluma Zeigarnik）[①] 的观点，任务还未完成引发的小压力，能通过完成

① 布尔玛·蔡格尼克（1901—1988），苏联心理学家和精神病专家。她发现了蔡格尼克效应，并且创立了实验性精神病理学这一独立的学科。

这件事而得到缓解，有利于思想上放下包袱。相反，进行中的某件事迟迟无法完结会带来负面情绪。有句格言由此而来：大功告成，如释重负！

要把做家务当成一个必须完成的任务。现代生活中，有很多事无法做完，因为它们过于碎片化，在实施过程中会不时被打断，或遭遇挫折，即便我们不去刻意关注，但还是会留下沉重的负面情绪。但至少，当我们在做家务时，我们会因为彻底完成某个任务而获得满足感，还会产生一种平静愉悦的感觉。而且，越是注重把家务彻底完成，越是会关注每个细节的完成，并且贯彻始终，这种习惯也会使你在其他领域迅速适应新的紧急任务，并成功完成。

在专心致志中绽放自我

精确让人战胜了很多弊病，比如只知大概、不求甚解，或是匆匆忙忙、粗心大意，又或是半途而废、自欺欺人。这意味着立即回复信件，保持事物整洁，仔细清洁餐具，在似乎看不见灰尘的地方除尘。

——皮耶罗·费鲁奇（Piero Ferrucci）[①]《美好与灵魂》

在亚洲文化中，充实的状态是最古老思想家论述的核心，尤其是在道教中。庄子认为，生活需要完全的专注，而不考虑外部回报。他以一位厨师为例："庖丁为文惠君解牛，手之所触，肩之所倚，足之所履，膝之所踦，砉然向然，奏刀騞然，莫不中音。合于《桑林》之舞，乃中《经首》之会。文惠君曰：'嘻，善哉！技盖至此乎？'庖丁释刀，对曰：'臣之所好者，道也，进乎技矣。……每至于族，吾见其难为，怵然为戒，视为止，行为迟。动刀甚微，謋然已解，如土委地。提刀而立，为之四顾，为之踌躇满志，善刀而藏之。'"

除了客观条件，重要的还是善用思想，将自己置于事物之上。人们可以寻求挑战，并能获得机会，在所从事的工作中运用自己的技能。在这种专注过程中出现了一个更强大的自我。工作由此成为欣喜的源泉，仿佛它是出于自由选择。我们对一项任务的热情

① 皮耶罗·费鲁奇，1946年出生，意大利心理治疗师、哲学家，都灵大学哲学博士。任职于佛罗伦萨心理综合研究所，著有《美好与灵魂》《仁慈的吸引力》等。

越大，就越能发现其中有趣和有用的一面。习惯了热情工作的人不会注意到时间的飞逝。他的心态会永葆青春，他的容貌也一样。

身心最终统一

在家务中，把注意力集中在身体的运动上有助于统一身心。心灵的负荷减少，会继而发展出宁静平和的状态。由于我们内心深处和周围物体之间的交融，动作和身体成为我们在当下和现实中更好的立足点。我们因而在家中获得了一种新的生活方式，发现了新的乐趣，找到了新的平衡。这甚至可能导致某些习惯的积极改变，例如戒烟，或在经营个人生活和内心世界上投入更多时间。是的，家务会对我们的生活产生疗愈效果和整体性的影响。

家务是一项有价值的任务

幸福的秘诀不是做我们所爱的事，而在于热爱我们所做的事。

——詹姆斯·马修·巴利（James Matthew Barrie）[①]

社会越是达到高水平的技术和发展，个人对于当面沟通的投入就越少，媒介工具取代了直接接触。如果在生活中丧失了兴趣，一个人的精神就会随之消失。我们会变得像机器人一样。而当你把一摞清洗干净、熨烫整齐的好看衣服存放进衣柜里时，你可曾产生一种如数家珍的感觉？这些温柔的动作能抚慰人心，让人平静下来。我们明白，快乐取决于比它看起来更深刻的东西。朋友送的寝具、阳光下晒过的被褥、擦拭得芳香四溢的抛光木家具……用抹布擦拭电话机，给书本除尘，给盖毯通风，清除面包机里的碎屑，或是给鲜花换水，单做这些事就让我们体验到与周围事物的亲密关系，让我们得以与生活中的事物更紧密、更安静地交流。思考它们如何进入我们的周围，又给我们带来了什么？

---

① 詹姆斯·马修·巴利（1860—1937），苏格兰小说家及剧作家，世界著名儿童文学《彼得·潘》的作者，1882 年毕业于爱丁堡大学，1895 年移居伦敦。

自律

在一个不再设定规则的社会，个人会患上焦虑症。

——米哈里·契克森米哈《心流：最优体验心理学》

许多人听到“纪律”一词就落荒而逃。但是如果没有任何纪律，我们放任自己喝酒、吃饭、睡觉，一天中什么都不做，只让别人服侍自己，那我们会变成什么样子呢？

禅寺对寺院的正常运行制定了非常具体的纪律。有关门开门、进出房间、添饭或不能添饭的种种要求……但是，约定俗成地严格守纪反而使人得到了释放——我们知道应该做什么，或不应该做什么，头脑中不会再提出疑问，而正是这种严谨最终带来了自由。日常生活中的奋斗、征服和个人超越，提供了带有自主性的满足感。儿童在 12 岁之前有能力推迟这种满足感的获得，以便优先履行责任。然后，一旦他感到自己独立了，就失去了这种能力。他越来越只顾追随自己唯一的快乐，但这却使他的生活变得复杂。

那些失去了先履行职责、后实现满足这一能力的人，也失去了在生活中取得成功的机会。他们不再知道如何先苦后甜，也不再知道如何摆脱痛苦的事情，以便事后获得快乐。只有在获得快乐之前先规划所应承担的责任，才能更好地生活。逃避痛苦和牺牲的成年人也与自由失之交臂。他没有意识到，内心世界比外部世界更加危险。

从“做与不做”中解脱出来

接受不可避免的事情，就是不再被动承担，也因此获得自由。

——科琳·松布兰（Corine Sombrun）[①]《我的萨满启蒙》

家务带来的双重净化功能是令人惊叹的，包括让内心平静，让秩序恢复——当双手在打扫的时候，头脑也清空了其中的杂质；当物体重新归位时，思绪也会恢复条理。身体在运动中与

① 科琳·松布兰，生于1961年，是法国作家，民族音乐专家，也是蒙古萨满教专家。

精神重新结合。除了妥善完成任务的感觉，家务对心灵的影响也是惊人的。太多人相信自己无法改变命运，却忘记了自己其实拥有自由。一处整洁有序，每个角落闪闪发亮的公寓，铺就了一条通往平和、休憩、活力和热情的道路。精神终于从一种了无生机的被奴役状态中解脱出来。日本人很少提出存在的问题。然而，他们会做很多清洁工作。他们本能地知道，专注于某些事情有助于释放内在的紧张，并找到平静。然后，当身体在做清理的时候，心灵就会得到休息——它不必怀疑它应该做什么。不必在“做还是不做”之间摇摆不定。不用提出任何问题，只要行动起来即可。

“我必须如何”的禁锢

如果我们大多数人被外界吸引，可能是因为在我们心目中，待在家里就得被迫花时间打扫、做饭、整理，思考还有什么需要做（或者强迫自己不要去想）。谁也无法想象这种“一定”“我必须如何”的禁锢有多大的约束力。我们认为只有自己有很多事情要做，别人则过着完全有序的生活，即使事实显然并非如此。与其为我们还没做的事情背负压力，还不如享受我们已经完成的工作成果。充满矛盾的是，人们对一些看似吃力的任务，比如打扫厕所，反而感觉最不辛苦，因为人们不觉得是在浪费时间。因此，这项任务相比其他劳动就没那么让人厌烦。

完成家务的喜悦

变成怎么样，比本来就是怎么样来得更重要。

——贝尔纳－亨利·莱维（Bernard-Henri Lévy）[①]

不妨想象一下，一旦完成了家务，我们置身于一个干净美好的地方，思考一下家务给我们、我们所爱的人以及我们希望对方快乐的人带来了什么，那会是何等有趣（我们无法做一件

① 贝尔纳－亨利·莱维，生于1948年，法国公共知识分子，1976年"新哲学"运动的领导人之一。《波士顿环球报》曾说他"也许是当今法国最杰出的知识分子"。多年来，他的观点、政治行动主义和出版物也引起了许多争议。

事，只为自己考虑而不服务他们；同样，我们也无法只为他人而忙，而完全无益于自己）。一个整洁的空间，摆脱了杂乱，滋养了身体与心灵，会营造出一种家庭特有的氛围。在专注于具体经历的过程中，我们不知不觉就已经走过一半的道路。

愉快工作，节省精力

每种愉悦感都能提高我们的工作能力和效率。每次有意识地、愉快地完成的任务都意味着节省力量，优化成效，同时减少疲劳。经验证明，一项任务当作苦差事做三小时，比花十多小时愉快地完成工作还要疲劳。拘束让动力陷于瘫痪。不是只有达到目标才能带来快乐，为实现这一目标而做出必要努力时，在行动的过程中，在出色而愉快的工作中，人们就已经感受到了快乐。技巧就在于试图围绕最常见的事件（在这个情形下也可以说是家务）建立常规流程，以减轻感情和思想上的多余压力。

5 乐趣和秘诀

学会热爱做家务

> 啊，我们当时并不富裕！但是我们多么热爱认真工作，又是多么骄傲地把这个传统延续了下来！
>
> ——一位家庭主妇

社会工作已经被分割成条块，个人很少有闲暇去欣赏自己工作的直接成果。处理病人档案的社保工作人员永远不会看到病人得知自己痊愈时的兴奋样子。恰恰相反，家务却是一项可以立竿见影体验到成果的任务：人们可以欣赏到努力付出、细致劳动的成效。除非工作效率不高，人们不会质疑这项任务是否有用。与之相反，不是出于义务，而是出于意愿做家务，看到自己的努力得到回报，会感到自己很强大，对自己的效率充满信心，为能够提高自己的生活质量而感到自豪。热爱做家务是一个不断学习、不断完善的过程。但当一个人心甘情愿地行动，并为了行动本身的乐趣而干活时，他自然就能获得最大的满足。

是的，快乐赋予了生活更多意义！重要的是要学会在最平凡的，甚至被某些人视为徒劳的日常事务中发现快乐。

每个人都是自己日常幸福和生活质量的工匠。他应该给予自己超越自我的机会。欢乐在我们心中有其存在的基础。如果意识上认为一件事情是愉快的，那这件事就会是愉快的；反之亦然。一项活动所需的努力越多，完成后带来的满足感就越大，收到的回报也越大。

感官的智慧，幸福的源泉

> 这种快乐，往往来自动作本身，来自节奏的摇摆，来自感官的接触。更宽泛地说，来自完成工作带来的自豪感，来自对混乱的胜利。熨烫之后，M 太太不厌其烦地欣赏着美好整洁、无可挑剔的东西，看着每件衣物被叠放在一起。
>
> ——让 - 克洛德·考夫曼《工作的核心》

家务的学问给女性带来了宝贵的财富：乐趣。有些人甚至承认洗碗比吃饭更有趣——她们也在日常家务中建造了一座平衡之岛、一串和谐后续。

社会不断变化，风俗习惯和思维方式也在改变。我们正在大步走向非笛卡儿主义的价值观，比如情感科学、心灵智能。做家务由于改善了我们的生活福祉，应该被视为一项崇高的任务。通过家务劳动，也可以悄然而有效地参与构建平衡而宁静的生活。

家务确实可以成为一种乐趣。我们所有的感官都可以被召唤来收集情感。照顾这些我们赖以生活的微小事物——往往在不经意间就能照顾——是一项让我们充满快乐、从容和魅力的任务。我们可能对此投入或严肃或轻松的态度，也会投以尊严、谦卑和耐心，这些美德已逐渐为不知餍足的消费社会所遗忘。

但热爱做家务的先决条件是热爱家居。把一堆干净的衣服或是碗碟摆好，关上橱门是一种近乎神圣的乐趣。只要看一眼这些东西，就会让我们想起自己的组织能力——这是对于混乱无序的胜利。它带给我们点点滴滴的幸福感。生活的艺术就在于美化、完善一切。还有什么比闪闪发亮的厨房、一束鲜花、透明的窗户、光洁无比的木地板、没有褶皱的床铺、一尘不染的踢脚板更令人愉快的？正是这种日常生活的美好让人感到舒适，并为我们的生活赋予了意义。

事实上，感官的智慧不就是幸福的能力吗？

衣物洗护

踮起了脚尖，
她把鞋袜晾晒干，
主妇第五日。

——日本诗人

将衣物晾在屋外，铺展开对称放置，享受新鲜空气或缕缕阳光，闻着清新的味道，等衣物一干，就把它们放进篮子里，上面还留着阳光的微温。这件工作本身就带来了很多乐趣。而温热衣服的气味、熨烫光滑的面料触感、蒸汽熨斗发出的声音，都是幸福的瞬间。

当我们能够平衡快乐和效率时，会体验到内心无限的满足感，而当一切都“完成”时，我们也会为做完的工作感到快乐。这种感觉很好，会令人觉得很安静，不再开口谈论任何事，一切变得纯粹而干净。若干年前，我们想到已经完成的任务，就开始感到轻松愉快，充满希望。我们可能会放慢动作，享受最后一次熨烫，把完美折叠的衣服放进柜子……

在熨烫衣服时，播放一段音乐，可以让你沉浸在自己的世界，并一路探索。它还可以让你在梦中旅行，花时间给自己的心灵充电。有些动作会让久远的画面、童年的片段、家庭生活的回忆一一重现，把我们带入温柔恬美且带有淡淡伤感的感觉中，像砂布清洁炉灶、铸铁加热的味道。我们还记得放在桌子上的熨烫大毯子，上面覆盖着一张一折四的旧床单，手里拿着一碗水，用指尖洒在衣服上，使它湿润。这些姿势非常优美。熨烫和折叠衣服可谓一门艺术。不幸的是，这种艺术已经消失了——我们的祖母教给我们的东西如今已经不适用了，人们不会再像折叠蕾丝睡衣一样折叠 T 恤。手帕是由纤维素絮纸制成的，桌布则是化工合成材料做的。然而，最重要的还在于，我们不再知道这些人们曾经投入时间精心打理的事情还有什么价值。

居室香熏

对我们大多数人来说，气味起着很大的作用，无论是让人愉悦，还是厌恶。就家务而言，气味与我们的行动，与清洁带来的满足感密切相关。打过蜡的房间、薰衣草味的织物、刚洗好的衣服、飘浮着烤饼干香气的厨房，这些好闻的味道连接着简单而重要的细微感受。气味对个人有很大的心理影响。明智的气味选择，有助于让我们感觉更良好，能对抗压力、不安、焦虑。它能让身体产生快感，可以帮助我们每天对抗生活的困难，带来个人的平衡。这种快感并不是大艺术家的专利。每个人都可以创造，从而生活得更愉快、更深刻。

如果说日本人经常只用水来清洁，他们倒是常用熏香给居室、织物（甚至是头发）增添香味。一位朋友告诉我："在香气扑鼻的房间里，脑筋变得更清晰了。我们可以更好地思考，房间也似乎更宽敞。"他们有时也会通过燃烧木炭来净化空间。

说到底，房子的气味也是一种回忆。童年记忆的味道、母亲的动作、几代人一直重复的习惯，我们都需要并且希望在生活中保留，并延续下去。气味让我们回想起了和我们最亲近的人，或者根植于我们日常生活中的事。

倾听万物之声

花园打扫一新时，
山茶花飘落。

——松尾芭蕉[①]

听着污垢在吸尘器管道沙沙作响地滑行、地板木条在脚底下吱呀歌唱、水龙头里水流在汩汩流淌、整理茶壶盖时发出叮当声……我们的家务工作伴随着小小的满足感！对我们周围的一切保持敏感，感觉被一种巨大的力量，一种既没有形式也没有名字的能量包围，那就是意识，就是应当倾听内心，尊重生命，关心宇宙的每个角落。

① 松尾芭蕉（1644—1694），日本江户时代前期的一位俳谐师的署名，他公认的功绩是把俳句形式推向顶峰。主要作品有《野曝纪行》《笈之小文》《奥之细道》《嵯峨日记》等。

培养自己的触觉

今天早上，没有禅坐，所以推迟到5点起床。我清扫了通往寺庙沿路的草坪、通道和寺庙入口，最愉快的还是清洁苔藓。经过这么多清洁工作，在一个无比洁净的地方度过余下的一天该有多快活！

——摘自我的寺院日记

关于扫地，在这种普通活动中，有一些超越时间的东西：记忆中，我们的手掌似乎从来没有遗忘扫帚手柄的感觉、刷子在地上的摩擦、秸秆滑动的声音——还有一种印象，当灰尘不再覆盖，物体渐渐地重新获得了生命。然后，当你把工具靠墙摆放的时候，还会听到铁畚箕柔和的叮当声和手柄低沉的声音。那一刻你有什么感受？你是否注意过光线的不同质感，清晨阳光下舞动的微尘，秋天的落叶或是初春的新鲜空气？这一切不是扫帚探索发现的吗？这不是一种乐趣吗？用全新的视线观察周围，感受、倾听、浸润于一个地方的气氛……一切家务行为，包括最琐碎的家务都在于此，都可以用这种方式来体验。抹布轻柔的擦拭可以让一个物体复苏，石板上水流的味道会唤醒童年的回忆。

我们是构筑幸福的工匠

任何事物都应该各就各位，必须做好自己所做的事情。当我们在有利时刻集中注意力并采取行动，之后就会步步跟进。我们便能成为事件的“主人”。这就是佛教的秘密。

——铃木俊隆[①]

我们都有自由选择的机会，很少有东西是真正强加于我们的。我们有多少次抱怨要洗衣服或打扫卫生？但其实并没有什么能迫使我们这么做。我们之所以这样做，是因为那对我们很重要。我们洗衣服是因为干净和体面对我们很重要。如果我们看看自己所有的选项，就会开始欣赏自己做出的选择。关于不同幸福水平的调查显示，具有自主意识、自己做决定的人比其他人快乐三倍。他们都表现出一种相当自律、独立行事的倾向，

① 铃木俊隆（1904—1971），日本曹洞宗系禅僧，他的父亲也是一位禅师。自年少即开始禅修训练，经过多年的修习而臻成熟境界。1959 年 5 月，铃木迁移至美国旧金山，他在旧金山建立了禅学中心，并在加州卡梅尔谷地成立了西方第一所禅修院。

并表明责任感对幸福有积极影响。

不要惧怕日常生活

你生命中的每个人、每件事之所以会出现，是因为你吸引了他们。你选择做什么取决于你自己。

——理查德·巴赫（Richard Bach）[①]《幻影》

对日常生活生畏只会滋生其他恐惧。智慧就是知道如何处理事物，通过存在的东西创造幸福。这一切都取决于我们如何看待事物，取决于我们能否在身体与心灵之间建立和谐。每个新的视角都会改变我们的意识。看待事物的不同方式改变了结果，也改变了形式。因为任何行动都可以被认为是痛苦的或愉快的。

当活动有意义的时候，没有什么是困难的。如果说家务看似痛苦，那首先是因为我们是这样认为的。我们不是被强迫做家

---

① 理查德·巴赫，生于1936年，美国著名小说家、飞行员，1970年凭着《海鸥乔纳森》一书打响名堂，成为知名作家。其他作品有《没有一个地方叫远方》《跨越永恒之桥》《幻影》等。

务，而是要求自己这样做。当一个人发现自己的劳动机械重复、枯燥乏味的时候，他会想到自己的努力会带来双重成果，以此获得安慰——一种成果是外部的、短暂的，比如准备好的饭菜、干净的房子；而另一种成果是内在的、看不见的、持久的，他知道他是凭着爱在做琐碎的家务劳动，而当他的双手忙碌起来，他的灵魂也充实了。他的生活因此显得更有意义。他的家务不再是一种常规的奴役，而是一种隐藏的收获、一个愉快的工作循环，服务于他的发展，并有助于照亮他的存在。

获取家务动力

生命中重要的是什么？没有人能为别人回答这个问题，因为真相存在于我们每个人身上。我们被赋予了生命，随之而来的是定义生命的机会。我们的人生道路和目标只能在我们创造的地图上追溯。幸福不取决于事件，而在于我们如何行动。当然，我们不能成为家务的奴隶，但也绝不能让我们的生活蒙尘。一切都有解决之道。通过良好的常规家务、配合完善的程序，辅助以基本的技术，就能有助于减轻家务的辛劳，甚至还将其转变成乐趣。

第二章　家务就要付诸行动

6　家务之前先整理

整齐有序与做家务相辅相成

换了佣人，扫把被挂在其他地方。

——横井也有[1]

家务和整理息息相关。整理就是学会排序，掌控空间和时间，也是在头脑中以及在生活中进行排序。不同的序列之间有

① 横井也有（1702—1783），日本江户时代后期俳句诗人。著作有《鹑衣》等。

着紧密的联系，从最平凡的（普通家务）到最精细的（思想平衡）都是如此。整理排序会影响到室内是否井然有序，更会影响到内心是否平静！混乱的居室会反映紊乱的心理，也会撼动思维和智力的大厦。相反，收拾整齐的房间则会有利于思考。

我们的生活都是由“点滴琐事”构成的。所有事物井然有序，就是我们自律的一种表现，因为杂乱无章的东西只是我们混乱思想的化身。一旦环境变得整洁，思路也会变清晰，会给我们自身带来安全感和自信心，同时会产生两种满足感：东西摆放整齐的愉悦，以及内心的平静。一旦把所有事情完成，就不用因为还有任务落下而烦恼了。把床铺整理好再出门，清洗并整理好餐具再睡觉，都会给精神和心灵带来休憩。如果说秩序和规则看似是一种略显冰冷、不够有趣的美德，那么我们就得提醒自己，把内在整理有序，思想和情绪也会变得有序。这本身不能称为智慧，但确实是通向智慧的条件之一。

秩序，日常的宝藏

有些人认为只要靠“晚点再说”就能解决混乱

问题，却忽略了在那一刻，所谓“晚点再说”并不存在，也绝不会存在。

——玛格丽特·杜拉斯《物质生活》

该如何区分一个人是“干净”还是“整洁”？后者追求的是长效解决方案，致力于对室内进行彻底规划，从而在今后节约时间和精力。不整理就打扫，好比在伤口上直接捆绷带，并不能治标治本地解决脏乱问题。相反，居住在一个整洁的地方，则意味着你一劳永逸地把屋内安排妥当了，之后只要维持原来的状态即可（这并不意味着你不需要再做家务）。而如果你居住在一个地方，丢弃了其中所有坏掉的、毫无用处的或很少使用的东西，你就会有精力做想做的事，沉浸在兴趣爱好中，随心所欲地生活。安排整理是为了居住在一个良好的环境，可以完全随自己的心意生活、工作和休息。

规划整理

每次做完打扫或整理，都会在生活规划上推进一小步；人们总能在整理各种物件，或打扫过程中发现更便捷的方法，从而获得更大的乐趣。比如把凌乱堆放的衣服（泳衣、内衣等）放进帆布收纳篮中。每次完善规划方法，比如找到更节省时间的做法，都会让室内更加干净。人的内心也能获得更大的自豪感。每个新创意就像是外部世界混乱状态的一场胜利。每次更流畅、更高效地完成家务都会使整个活动更加振奋人心，令人受益匪浅。规划并且掌管自己的居室需要花费很多时间。但人们年龄越大，便越能体会到与自我（以及与环境）和谐共处的隐秘满足感。内外会通才能最终珠联璧合。

如何摆放有序

劣等趣味：身边有太多东西，文具盒里有太多笔，家中佛龛上有太多佛像，花园中有太多石头、花卉或树木……不过有很多书倒是无妨。但不修边幅并非总是没有良好品位或不够优雅。

——吉田兼好《徒然草》

总而言之，整理就是把东西摆放在各自合适的位置，从而方便使用。打开橱柜，发现每件东西摆放得整整齐齐，还有一半是空的，那是一件多么奢侈的事！不妨从小事做起——人们应当通过一点一滴而学会自律。先把相对次要的东西摆放整齐，这样就能获得动力来整理更为重要的物件。把东西逐一放置好，一旦需要某件东西时，就能在第一时间轻松获取。

盒子：理想的收纳工具

没有规矩，不成方圆。如果没有基础“框架”设定，就只能摸索着前进，没有根基和保障来实现技术跨越，达到创新。打扫用的篮子、就餐用的独立餐盘（日本有这种用法）、清单记事本、化妆包、邮报箱（放置报纸、待寄送的明信片、要回复的信件、精美的邮票、钢笔等），所有东西都可以安放妥当。和异形的容器比起来，正方形或长方形的盒子更易于整理（或者说排列）摆放。我总会想起我10岁时去一个同学家中，她自豪地带我参观她收集的睡衣，这些睡衣被单独收纳在纸盒中，叠放在透明衣橱的架子上。她向我解释说，她的祖母是一个俄罗斯人。

盒子是最好的整理方式。以花瓶为例，它们都是形状尺寸各异的。如果你把器皿装在盒子里，就不容易打碎，而且也能叠放起来。当你购买了袜子、帽子，也可以保存在盒子里。盒子可以保护这些物品，而且还可以移动，较隐蔽并且干净，放在架子上也有一定装饰作用。

托盘

托盘也很实用，不管是吃饭、整理抽屉、分拣手提袋内的物品，还是把小物件带到不同房间，把有用的物品放在触手可及的地方。可以把茶具都放在托盘上，如茶叶、茶壶、茶杯、糖，临时有客人到访，就可以随时取用，不必往返于餐具柜和收纳糖、茶的橱柜了。

手边始终放一个袋子

我父母住在一幢三层房屋中。我总是带着一个小袋子，装着我的眼镜、手机、烟等。这样看起来烦琐，但难道要为了找一副眼镜而花费 15 分钟吗？

给文件夹命名或贴标签

如果我们给每个文件夹都贴上标签，插入相应文件的话，能节约多少时间和精力？你可以自己确定分类模式（每年、每个类别、每个家庭成员等）并坚持下去。在文件夹上插好分类标签，然后分门别类地装在纸盒里。这样保证会提高效率！

根据尺寸整理物品

把最小的物品放在最大的前面，最轻的放在最重的上面，最易碎的放在坚固的上面。把原本就处于高处的东西放在较高位置，把有可能摔落（不够牢固）的东西放在低处。把衣服都叠得“四四方方”（按照同样的尺寸）。

合适的位置

东西显得乱，往往是因为没有给物件规定相应的位置，各种物件没有它们专属的摆放点。你可以把东西放在使用它们的地方：把需要喝水服用的药物放在厨房，把乳液放在浴室……

试着把所有东西收纳在固定的地方，就始终能够轻松找到。可以考虑一下它们放在哪个房间、哪个位置更加合适。重新思考一下你的行为和动作。你回到家后把包放在哪里？你记账时坐在哪里？即使在黑暗中，你也应该能找到自己需要的物件。

整理东西，投以关心而不要抛弃

整理东西的时候要注意，把东西收纳稳妥有别于把东西锁起来或是束之高阁。书本、衣物等，如果不整理好，或是忘了放在哪里，就几乎无异于抛弃了这些东西。即使一件东西本来就应该长期处于一个位置，也要时不时观察，确认其状态。要记住这个物件对于你的价值所在。定期盘点你持有物件的存量。不要害怕承认你在购物时犯的错误。千万不要忽略你所拥有的东西。

工作桌

工作桌上也应该尽可能有足够的空间，不要因为即将要做的事而在桌上铺满无用的东西。桌上只能出现与当下正在进行的工作相关的物品。人们越是在办公室中感到自在，就越能产生更多创意，想法也能更协调。爱好整洁是杰出人士的显著特征。在所谓充满“艺术感”的混乱环境里，人们很难获得长久的成功。

把物品归类并精确摆放

想要高效地维持生活秩序，最简单的秘诀之一就是精确地放置物品，并且分门别类！环顾四周，可以立即试一下把触手可及的东西进行合理的摆放，既不要放得歪歪扭扭，也不要让物品之间距离太远。把这些东西像“赶羊”一样进行归纳整理。神奇吗？不论你身在何处，都可以在不同的情景下进行这个小练习，秩序感也会自动形成。你会发现不必花费很多工夫，只需举手之劳，就能让各种物件各归各位。日本小朋友自幼就受到老师教导，要把笔袋与本子垂直摆放在桌面上。爱整洁的观念就渗透于他们的教育中。在厨房中，要把各种厨具按功能摆放（刀具与砧板，以及接垃圾的碗）。浴室中，要把洗澡相关用品放在淋浴室或浴缸旁边，洗脸用品放在收纳篮或抽屉里。还要把唱片放在音响旁边，把书本放在你习惯阅读的地方。

给予自己小小的满足感

只要小心翼翼地拧紧谷物盒盖子，并在用完后，把盒子放回原来的位置，就会生出一种心满意足的感觉。那一刻，细细回味一下你刚才的行为，哪怕一个简单的动作也会带来欣喜和愉悦的感觉！我们应该学着享受和发掘这样的小秘密。

只保留最少的东西

> 人们常常悔恨，曾在生活中的某一时刻丢弃过东西。但如果人们从不舍弃，从未分离，希望时间留驻，那么终其一生，他们都在整理归档自己的人生。
>
> ——玛格丽特·杜拉斯《物质生活》

洗澡前，我们要换下衣服。而对于房子来说，也有着同样的原则：除去装饰。我们的东西越少，就越是能拥有自由的时间。当我们不受旧物的干扰，最终就能欣赏自己所处的原始空间，能欣赏花瓶中一枝鲜花的美好。给屋内增加美感的，并不是放入家具或其他装饰，而恰恰相反，是舍弃不必要的东西。在大多数禅宗内饰中，居室之美在于被舍弃之物，以及由此带来的空旷感。混乱和污浊会暴露精神的不愉快。从现在起就摆脱一切对提升生活质量、改善健康和仪表毫无益处的东西。不管摆放在前还是在后，都没有这些东西的容身之处。按照顺序一件接一件地处理这些东西。如果一件物品不是必不可少的，就没有必要保留了。释放空间的同时，也减少了污浊和混乱，以及悲伤情绪的可能性。

视线内留下最少的物品

有意思的是，当人们把东西放得近在眼前，反而会注意不到。它们就像融入了墙壁的挂毯一样，失去了存在感。在办公桌上只放一本备忘录，在厨房料理台上只摆放将要烹饪的东西。在清洁浴室的时候可以想一想酒店房间的做法。你完全可以布置成相同的样子：只要不让东西散乱摆放即可。比如可以放一瓶精美的香水，仅此而已。

绝不要不加整理就离开房间

把你的餐具放进洗碗机，或吃完饭就洗碗。洗漱完毕，吃完早餐就应该把床铺好。

这并不是一种军事纪律，而只是在收集生活的真正快乐，克服自身的不完美，掌控精神和意识层面的事。这也常常是东方思想的目标（瑜伽、禅宗、道家等），其宗旨在于解放外在或内在力量对意识的影响（无论这股力量是来自大自然，还是社会环境），使内心生活从混沌中得到释放。人们对这种文化早已有所耳闻，但重要的是要知道如何付诸实践，要真正地投入应用！

当场行动

使用中的东西要立即收拾，一旦用完就要整理好。

建立一种长效整理机制

中式红木矮几、水晶镇纸、金属器具、乌木架子……房间依然如故。桌上放着一张写诗的纸，搁着一副玳瑁眼镜。

——永井荷风《雨潇潇》

要树立一些原则：它们体现了秩序，也创造了秩序。通过不断开始新的整理，不少女性消耗了精力（而男性消耗得更多！）。人们整理厨房，以便每个物件都处于一个确凿的位置，而最常用的东西要放在手边。整理房间不应该是一种爱好，而是一种确定的程式，进行过一次以后，下回不必思考便能沿用下去。采用这种机制的人表示，因为他们没有把东西弄乱过，所以无须整理！日常打扫，下厨烹饪，衣物洗护，应该成为家中日常仅需的任务！可以观察一下那些井井有条的人：他们每次使用完东西都会放回原来的位置（铅笔插回笔筒，脏杯子放回水槽，包袋也放到指定位置）。他们所到之处不会留下痕迹。即使你相隔十年拜访他们，还是会看到糖罐出现在同样的地方。

秩序带来安逸

> 秩序是天堂的第一法则。
>
> ——乔治·吉辛（George Gissing）[①]《四季随笔》

---

① 乔治·吉辛（1857—1903），英国小说家、散文家。吉辛的主要小说有《新寒士街》《在流放中诞生》《古怪的女人》等，贫穷对人的腐蚀作用是吉辛所有小说的主题。其散文集《四季随笔》有多个中译本。

乔治·吉辛在描述书中人物的房屋时，这样形容这座维多利亚式小屋的清洁程度：说是一尘不染也不为过。这里展现的整洁有序、定期修理、优雅宁静和安全感，就如同“一段旋律在欣赏者的心间回旋不绝”。而居住在这里的人最显著的特点，就是热爱秩序。作家还提出，通过秩序，人们能很自然地获得安定感。由此形成了一种英国式的“舒适”定义，首先表现为身体和心灵健康相互联结的理想状态。关上“家中”房门，拉上窗帘，这才是家庭的宁静和安全。吉辛继续指出：“那并没有掺杂科技工业，不是围绕着艰苦粗重的脏活安排时间，也不是有一堆脏衣服要洗。如果没有这种平静、这种秩序、这种宁静，就没有文明可言，人类也配不上人这个称呼。”洁净的房间、井然的秩序、气味清新的厨房……生活的安宁取决于，对自己的内心世界和对劳逸结合的平衡是否做到了悉心照料。如果一个人要对抗外部世界的纷争，他至少要找到内心的平和。只要在桌上恰到好处地放一本书，就能改变我们的生活：因为我们的内在影响着我们的心理。正是这种秩序会使我们的家务变得简单，尤其能激励我们付诸实践。

7 简单实用的家务用具

> 18 : 30，夜幕降临，我们用餐完毕，并准备好明天的食材。只有油腻的餐具需要用到清洁用品。除了洗洁精和洗衣粉，寺院里不会使用其他清洁用品。今晚，我们彻底清洁了厨房，不过只用了清水而已。
>
> ——摘自我的寺院日记

不花费大量时间做家务，依然可以使房屋或公寓长期保持清洁。人们可以逐渐提升自己的技巧，完善家务工具，从而使家务成为一种下意识的行为，不必花费心思去做决定。但做家务是可以通过学习掌握的，就像骑自行车或驾驶直升机。如果说没有技巧或诀窍去做家务是一种负担，那么精确掌握清洁用品的使用方法、备齐整套清洁工具、熟练完成一系列常规操作，都能使做家务成为愉悦和放松的时光。

必不可少的家务用品

> 清洁地砖，可以使用黑皂、粗麻布、地板刷，再加上一点儿力气。清洁地板，可以用钢丝绒、上光蜡和羊毛抹布（可以用废旧毛衣制作）；擦洗窗玻璃，可以用清水和报纸。这些小窍门我都在寄宿学校上学时尝试过；修女们不必受到清洁用品广告影响，只需要一些温和的方法，就能使我们的房间焕然一新，闪闪发光。
>
> ——一位网友

我记得曾经有位女佣在一户富有的英国家庭帮工，她要负责打扫偌大的房屋，却只使用极少量的清洁用品。尽管如此，所有一切还是光洁如新。如今，人们越来越多提及环保和有机产品，但拥有十多种有机用品这件事足够“有机”吗？这是否真的节能？法国国家统计及经济研究所一项调查表明，法国人平均每年花费 220 欧元用于购买家务用品。而这对我们的健康、对环境又会造成怎样的代价？（磷酸盐、盐酸、硫酸……）事实上，只用两到三种清洁用品、几块抹布、几把刷子就足够了。当然还要切实区分每种用品的功效，就像选择护肤品一样学会挑选合适的清洁用品！于是我打算就这个问题展开调查。

首先，得质疑一下“新”这个词。这是广告用语中最常用的一个字眼。但这些“新”产品大多数都是以“经典”配方为基础制成的，比如酒精或肥皂。如何在超市或药店中选购性价比最高，或最方便使用的产品呢？我来到了一家大型商场。十几米长的货架上陈列了各种传统产品和有机产品。货柜负责人就在旁边，他看上去很和善，我便问他：“如果我只能购买一件产品，但要把家里打扫个遍，你建议我选购哪件？”“白醋（0.95 欧元）。”他立即回答道。随后他压低嗓门说：“我不该告诉你这些，不然我什么都卖不掉了！”

我读过各种讨论 100% 有机家务用品的书籍，其中解释了如何“制造有机用品”，如何进行组合，但这些只能最低限度符合我的要求，即便它们没有明显的污染危害。说到底，我还是认为某些清洁用品在部分成分上不够环保，经过包装之后，在某种程度上还是会引发污染。

我有位朋友的母亲把做家务当成一件轻松活儿，我曾向她咨询过建议。她回答我说，“二战”后，人们洗衣服时会在巨大的煮衣桶中加入灰，因为当时很多人家还没有自来水，也没有卫生间。所以今时今日，她觉得非常庆幸能拥有诸多“超级强力”洗涤用品，既能给家庭主妇节约时间，也能节省劳力。她为我写下了以下这段话：必须承认，大量化学用品极大提高了战后几代人的生活质量。任何季节都能吃到想吃的食物，不会太热或太冷，衣服价格不高，也不用花大量时间用来打扫家居，或是除去花园里的杂草和害虫，无论何时都能随意出门等。很少有人会选择回到过去的生活。

于是我有了三种选择：纯有机制品；传统清洁用品；或者像日本寺院一样，仅仅使用水和抹布。

我在综合这三种不同“流派”观点的基础上，尝试了各种过去不太熟悉的产品（比如液体黑皂），然后经过个人分析总结，罗列出以下清单。除非要启动大工程（比如要“翻新”公寓，或是搬家后大扫除），不然只是做常规家务的话，就只需要少量清洁用品。

清洁用品宁缺毋滥，需精挑细选

不必在橱柜里装满各种有毒但往往无用的清洁用品，如果有一件产品可以同时完成各种清洁工作，每个房间、每种材质都能适用，那就不必重复购买了。以下清单所列出的各种产品足够用于日常房屋清洁：

· 多功能“温和”擦洗产品（Mini Mir 多功能清洗剂、去污膏、稀释的液体黑皂等），用于洗碗、手洗衣物、拖地、清洁各种物件表面（玻璃、陶瓷、桌面、水槽或灶台等）；

·“强力”擦洗产品（Saint-Marc 抗菌洗涤剂、高浓度液体黑皂等），用于打扫重度脏污地面、顽固污垢；

· 白醋，用于消毒、除油污、去水垢等；

· 小苏打，用于顽固污渍；

· 漂白剂。

家用黑皂

> 我们是怎么知道黑皂的？我们从小就见过，因为每年都要找一些黑皂，放在炉子上干燥以后使用，它们简直什么都能清洁。
>
> ——我的母亲

哪怕黑皂有十几种仿品（比如墨绿皂和软质皂，同时“马赛皂”属于硬质白皂），正宗的黑皂依然是历史最悠久的清洁用品，清洁力也是无可比拟的。它由纯植物制成，不含有机溶剂，纯天然，可降解，非常环保，而且是高效灭菌剂。在微温的水中稀释（5 升水中加 1 茶匙），充分溶解后使用，可以去除顽固污渍。黑皂的拥趸们认为它的去污力无与伦比，因为它能深度清洁，使物体表面更加光亮，并能起到滋养保护作用。黑皂气味清新，每升售价 6—8 欧元，可以替代十多种其他家用清洁剂，从地面到天花板都能清洁，1 升足够用来打扫一个中等大小的公寓好几个月时间，人们也看不到它天花乱坠的广告。我最喜欢含橄榄油的 Marius Fabre 液体黑皂，或是以橄榄油为基底的、富含亚麻籽油和甘油的“地中海皂”。这些都是好用的多功能清洁剂。大多数有机产品商店都能买到。只使用黑皂就能清洁和处理的东西包括：

· 地面（亚麻油毡、镶木地板等，不必冲洗，可以保护地面）。

· 炉子、炸锅及灶台（一到两滴黑皂就够了）。

· 织物污渍（用以清洁桌布、餐巾、抹布、衣领、袖口、内衣的油污等，趁织物干的时候，在污渍的正反面加一滴纯黑皂，揉搓后用洗衣机清洗）。

· 机洗织物（用 3 汤匙纯黑皂，而不要用传统洗涤剂）。

· 铜器和银器（3 汤匙纯黑皂，加入热水中，浸泡 10 分钟后擦干）。

· 皮具（黑皂完全可以用来擦洗皮具，而不会使其变得干燥：用一点儿稀释的黑皂和一把软毛刷擦拭，不用冲洗，让其吹干）。有些汽车大品牌（捷豹、奔驰、宾利、法拉利、劳斯莱斯、保时捷等）的修理厂商表示，只用一些稀释的黑皂，加入热水中，便能清洁汽车皮椅，随后再用清水擦干净即可。（有位员工坦言："多年来，我们都用这种方法来清洁最高档的汽车，其他产品都不需要，尤其要避免那些吹得神乎其神但毫无用处的清洁剂。做完清洁后，我们会用少许凡士林对皮具进行保养，仅此而已。"）

· 吸尘器排风罩（可用海绵完美去污）。

· 炉灶（用海绵擦洗，再用热水擦净）。

· 玻璃（稀释后，加入喷雾器中，不必擦净）。

· 木器（稀释后，黑皂可以清洁，并且滋养、保护木器，使其具有光泽）。

· 塑料覆膜表面。

· 大理石（用海绵擦拭并擦干）。

·地毯（用稀释的黑皂擦洗，然后用湿抹布擦拭，最后换用干抹布擦干）。

·水泥物体表面。

·板岩和板石（黑皂能使其表面亮丽如新，呈现本来的面貌，但要注意，不要用黑皂清洁有孔缝的地砖）。

·地砖连接处和发霉处（用纯黑皂和短毛刷）。

黑皂还具有除虫的功效，可以用于居室或花园中的植物。（1汤匙黑皂稀释后，装在喷雾瓶中，摇匀并喷洒，蚜虫、毛毛虫和其他小生物们，再见啦！）它也同样适用于为家畜清洗皮毛（需使用稀释液）。

酒精醋

如果说，黑皂确实可以清洁所有东西，那么酒精醋（也称为家用醋、白醋或水晶醋）就是快速做家务者心目中的冠军产品：一个白醋喷雾器、一块抹布，你就能在几分钟内，从冰箱的内部，到浴缸的镀铬部件，再到电脑屏、电视屏、窗户、镜子，把所有东西清洁干净。它的气味几秒钟就挥发了，而且有神奇的去油腻功能。只要试着相信它确有功效就可以了。1升白醋，功能神奇、价廉物美，在食品货架上就能找到，售价不超过 1 欧元，就能秒杀一切“咖啡机专用”“洗衣机专用”“洗碗机专用”“水槽专用”“防霉防斑”产品。它是除垢（溶解钙质）最有效的产品，不仅针对水槽、水龙头、淋浴墙、莲蓬头（要拧开，浸泡在醋中）、马桶，而且也适用于咖啡壶、烧水壶、平底锅、燃气灶（只要把它们浸泡在醋里数小时即可）。

此外，白醋还具有很好的消毒性能（可以用喷雾和抹布清洁冰箱或烤箱内部）。它也是一种很好的除臭剂：只需把它喷洒在垃圾桶内部或周围，或是在厕所里、鞋柜里，就能消除异味。在厨房中，你也可以让醋在锅里微滚几分钟（不用煮沸），或在碗里稍微留一些：这样就能给房间除臭了。

白醋混合黑皂，能软化织物，避免洗衣机结垢。机洗织物的颜色更鲜艳，也非常柔软（如使用白醋来柔软衣物，要在最后一次冲洗的水中添加 25 毫升白醋），同时，机器的托盘也会很干净。并且，它不会留下任何气味。

白醋在加热状态下更加有效，还能去除顽固污渍，比如马桶底部的黑色沉积物。白醋中加入几滴茶树精油，也有舒缓精神的功效。记得把小瓶白醋放在家中每个供水点附近（厨房、浴室和厕所）。

白醋也能抗真菌，可以用它浸泡海绵，用于去除水龙头、水槽排水口、浴缸及淋浴间周围的霉菌。

小苏打

小苏打单独使用，或与少量家用醋混合使用，就能用来清除顽固污渍，如烤箱或抽油烟机的油腻、水槽或浴缸中的纹路部位、烧焦的锅底……它还有很好的除臭功能（取小苏打 2—3 茶匙，放进打结的旧袜子，就能净化垃圾桶或鞋柜，或可取 2 汤匙装在碟子中，放入冰箱，或是取几小撮放在洗碗机底部……）。它还能用于美白牙齿，也能使蔬菜颜色碧绿（在烧煮的水中加入 1 茶匙小苏打），还能使蛋糕更蓬松，应对消化不良的状况（在水中加入 1 茶匙小苏打）。你可以论公斤购买小苏打，然后将其存放于玻璃罐（贴好标签）或盐罐中（在厨房的水槽边预备一个，另一个放在卫生间）。最后你还会发现药店里小苏打的售价比小杂货店更便宜！

精油

如果你只选用有机产品，你可能会非常喜欢使用精油香氛，使室内空气更加清新。松木、柠檬桉树、薄荷、茶树、欧洲赤松、百里香、肉桂等，这些精油各有优点。它们不仅能赋予传统清洁品（黑皂、家用酒精）怡人的气味，还能消毒和除臭，并且不会造成污染（但作为工业产品的人造香料是有毒的）。你可以把几滴松香精油倒入熨斗的水箱中（水要去除矿物质，并辅以白醋），或加入喷雾剂中，用来滋润织物；还可以把几滴桉树精油滴在碟子中，清新厕所空气；再或者把几滴薰衣草精油倒入茶袋（使用过的茶叶干燥后）之中，也能使橱柜香味更怡人（薰衣草还能去除螨虫和蚂蚁）。如果只能使用三种精油，我会选择柠檬精油、茶树精油和薰衣草精油。

给家具上点油

如果要保养木制家具，只要有少许橄榄油或核桃油，就能起到清洁作用，还能使其更加光亮，不易损坏。

随手保存的清洁指南

此指南所列条目按音序排列，几乎涵盖了你家中的方方面面。

厕所：如果是日常清洁，只要在马桶底部倒一点儿漂白剂，用刷子擦洗，静置 10 分钟，不要忘了刷子也要浸泡。对于马桶的边缘和外部，用少许醋液就可以有效消毒。如果马桶的底部确实很脏或变黑，可以撒上小苏打擦洗，再加入沸腾的醋，静置一夜，第二天冲洗。必要的时候，多重复几次这个步骤。如果要离开公寓很久，在走之前，可以使用漂白剂（或用小苏打和盐的混合物），使用后尽快倒进沸水，从而避免损坏管道。这样就大功告成了。

抽油烟机：用稀释的黑皂，或混合了少许小苏打的醋来清洁。

橱柜和衣柜内部：在小杯子中放入 1 汤匙小苏打，或任意倒几滴精油在茶包里。

电视或电脑屏幕：用醋稍微蘸湿超细纤维抹布擦拭。

堵塞的管道和水槽：倒入 70 克小苏打水，然后加入 25 毫升冷白醋。一旦混合物不再发泡，再倒入 25 毫升热醋。等待 5 分钟，然后倒冷水冲刷。

烤箱：撒上小苏打，喷洒适量水，过一夜后，第二天用刮板铲去污垢。最后用超细纤维抹布和家用醋擦拭。

淋浴墙：用加热的纯醋，将海绵蘸湿擦拭。但避免结垢的最佳方法依然是每次使用后立即清洁。

弄脏的水槽、浴缸和淋浴间：水中加入小苏打，浸湿抹布擦拭。

燃气灶：用小苏打加上一点儿水，制备成一些浆液，抹在燃气灶上，停留几分钟然后冲洗干净。家用醋（不经稀释）也非常有效。至于燃烧器，你可以用白醋浸泡。

烧焦的锅：混合 1 杯水、1 杯半家用醋、1 茶匙小苏打，放入锅中煮沸。

水壶、咖啡机、保温瓶：水中加家用醋，煮沸（水和醋比例各占一半），并浸泡过夜，冲洗干净。

水龙头：超细纤维毛巾蘸上家用醋。醋能完美除垢，还能使其保持光亮。如果淋浴龙头的喷嘴结垢严重，把它拧开，并在一碗白醋中浸泡整晚。

微波炉：放一碗醋，加热蒸发，然后擦拭内壁。

洗碗机和洗衣机：加入四分之一杯醋，空运转。

浴帘：用白醋机洗（洗衣筒里放入 2 杯）。

浴室瓷砖有黑色或发霉处：将吸水纸浸泡在醋中，然后擦拭并冲洗。

熨斗：准备一个小喷雾瓶，装 200 毫升水和 15 滴薰衣草精油，用以滋润衣物，在蒸汽熨斗托盘中倒几滴醋，防止结垢。

小结

> 做清洁工作，首先要用掸子把天花板和墙壁上的灰尘掸落。然后用一块湿抹布擦拭家具、楼梯栏杆等，最后换用一块湿抹布擦洗地面。家居用品各有自己的名称：日式掸子、洁物毛巾、家具毛巾、擦地抹布。木器也要分开清洁。
>
> ——摘自我的寺院日记

几件高效的清洁用品足以消除顽固污渍。但高频率、规律性的劳动才是家务活变轻松的真正秘诀，也只有这样才有可能精简清洁用品。纯粹主义者（比如禅宗信徒、古代日本人，以及那些还未受到消费主义盛行困扰的人们）从来没有使用过我们超市、药店货架上那些清洁产品。他们所用的无非水和抹布。如果你每天看到脏污的地方，就用湿润的超细纤维抹布擦洗干净，那么灰尘和污垢就没有时间结垢或硬化，也能避免大费周章的“大扫除”。

定期（比如每天）打扫的房子从来不会特别脏。在日本，一直到国家对外开放（明治时期），人们都不使用肥皂这种东西。即使在今天，禅寺中的清洁工作，也只用到一把扫帚、一个日式掸子（一种用布制成的掸子）、一桶水和几块抹布。而且用水也是极其节约的。此外，不要忘记通风。每天室内通风至少 10 分钟，这样能有效消除或减缓细菌、螨虫和其他小寄生虫的滋生。

家务工具大盘点

如果你喜欢把家务相关用具都集中在一个角落，可能会很惊讶地发现，各种扫把、微型或大型吸尘器、吸尘器滤网、桌巾布、粗麻布拖把、无数瓶瓶罐罐，以及各类家用产品，会塞爆你的橱柜。而事实上，一把扫帚、一个扫帚刷、一个水桶才是真正不可或缺的（如果你家中有地毯，可能还需一部吸尘器）。

其实，你的整套家务用品可以占用很小的空间，也应该可以很容易地转移位置。要做到这一点，你必须学会整理，像许多盎格鲁 - 撒克逊人那样，可以把所有相关用品和实用工具集中放置在一个小篮子里。

只有那些就地使用的用品（比如厨房中的餐具洗涤剂，卫生间中加入精油的香氛喷雾、漂白水等）必须留在使用的地方。

清洁篮

当你有机会去大酒店，一定会看到工作人员整天在走廊、大厅和会客室来来去去，他们都配备了一个小小的柳条篮子，含可拆卸的盖子。里面装了什么？足够完成所有清洁工作吗？

要高效快速地做好清洁，最重要的就是要方便操作，实时出动，而不必在每执行一个任务时，都要浪费时间去寻找所需的清洁用品和工具。而其中的秘诀就在于，要就地行动，把一切东西都打扫干净后再转战下一个地方。

一个好的家庭主妇知道清洁工作分为两个阶段：先掸去并清洁物件表面和家具上的灰尘，然后再打扫地面。

清洁物件表面和家具的工具

· 几块超细纤维抹布

· 一小瓶家用醋喷雾

- 一个小刮板
- 一把扁平小除尘刷
- 一把短硬毛刷
- 一小瓶用于家具保养的油
- 一套簸箕和刷子
- 两个塑料袋

超细纤维抹布

超细纤维抹布是现代科技的产物，在大超市就能买到，与传统桌巾和粗麻布相比，代表了真正的进步。它具备超强的去油力，因为它有成千上万的纤维，直径是头发的十分之一，能抓取并去除污垢。配合热水使用的时候，它比浸泡在洗涤剂中的抹布更能消除污渍。而干燥的时候，它能依靠静电吸附灰尘和头发。在擦洗地板时，它能像一次性湿巾那样固定在拖把上。只需用一点儿水润湿，就能清洁顽固污渍。它也能完美清洁电脑屏幕（因为电脑屏不适合使用溶剂清洁）、眼镜镜片、镜子（记得把超细纤维布挤干，以免在干燥后留下水迹）。

因此，超细纤维抹布能大大节省洗涤剂、水以及时间。而且由于操作过程中，我们必然会使用更少的化学品，它也减少了污染。

浴室里要常备一块超细纤维布，确保设备每次弄湿后都能及时擦拭（包括莲蓬头、淋浴室墙面，特别是内壁，最潮湿的区域）。这样钙质就几乎不太会沉积下来（当然这也取决于你所在地区的水质）。如果你每天用抹布擦拭镜子，镜面也不会雾化，当然也就不必定期清洁了！

通常一条超细纤维抹布足以清洁整个房子，但有些人倾向于同时使用多块抹布：一条较厚的擦地板，另一块打扫厕所，还有一块较薄的清洁房子的其余区域。

超细纤维抹布可以机洗，至少能使用一年。它尺寸适中，同时质地细腻，因而非常易于使用、保养以及整理。再也不必用旧T恤或床单上磨损残破的边角料改成抹布了。如果你想让家务成为乐趣，还可以选用可爱的工具。有可能的话，不妨选用不同颜色的抹布，用不褪色的毡头笔，在每块上面标记功能（地板、卫生间、物件表面）。你可以把打扫卫生间的抹布装在塑料袋中分开放置。你还可以在浴室中放置第四块超细纤维布，冲淋或沐浴后能及时擦拭沾湿的部件，避免产生水垢，水垢一旦硬化就会很难清洁。

喷雾醋

把白醋装进一个小喷雾瓶（容量30毫升），以便能轻松带到各个房间。只需要这瓶喷雾，就能清洁屋内的各种物件表面（开关、指纹识别设备、视听设备、厨房操作台、冰箱内部、铬合金、玻璃、镜子、小摆件等）。在抹布上蘸一点儿醋，转瞬之间就能完成清洁工作。

钢制的油漆刮板

这个小物件非常实用，你会发现它能有效去除地面的污渍，或是粘在瓷砖上的一颗葡萄，又比如炉灶和台面接缝处硬化的污垢、苍蝇在地砖上留下的脏污……你可以在任何杂货店的DIY货架上找到这种刮板。其板身不必很宽（2厘米），但必须十分锋利。

扁平小除尘刷

这种工具对于清洁各种物件上堆积的碎屑或灰尘都不可或

缺，比如沙发、折叠椅、椅子、墙角线脚、踢脚板、家具腿周围等吸尘器无法够到的地方。

短硬毛刷

水龙头周围、抽屉底部……很多人用旧牙刷来对付这些角落。但这些牙刷很快就不能用了。不妨去一家杂货店，找一把真正的家务专用刷子，比牙刷大不了多少。这绝对是物有所值的。这种刷子对于清洁窗户的凹槽、瓷砖的角落、滑动门轨道也是必不可少的。有些日本人还表示，用一小块白色棉花缠绕在棍子上并由橡皮筋固定，是一种有效的清洁工具（用于马桶座、电器等后面的角落）。而棉签也适用于清洁小型物件表面（电话键、开关等）。

木器保养用品和抛光布

木器专用油、液体蜡，其他特定用途的产品，你可以任意选择，但不要在同一件家具上使用不同的产品，这样只会让它产生污垢。使用这些产品时也要尽量节省用量，几滴就足够了。

你可以使用一个干净的洗碗液空瓶，装入自己调配的混合物（柠檬精油）。不要忘记先用湿布擦拭家具，再用干布擦干。抹布应该足够厚实，一折二之后，一面用于擦上清洁用品，另一面用来把物件擦光亮。将抹布存放在乙烯基袋子中，可以防止它与其他材料油腻部分接触。

小簸箕及小刷子组合

有特别小型的桌用簸箕和刷子，为什么还要费力找其他工具呢？

两个塑料袋

一个塑料袋用于收集各处发现的杂物、簸箕里的灰尘等，而不必专门到垃圾桶边丢弃垃圾，另一个塑料袋用于存放你的湿抹布。千万不要把湿抹布随手摆放，这样有可能把你刚清理的东西弄脏，而且你也可能会忘记把它放在哪儿了，而不得不浪费时间去寻找。

其他

· 小桶（浸泡湿巾和刷子，用水擦洗地板，使用后把抹布拧干）。

· 拖把和拖把刷（最好使用 Swiffer 型拖把，能更换一次性湿巾，通常装备有超细纤维抹布）。

· 吸尘器（轻便，如可能最好是无线的，能用电池充电，做家务时可以无线操作，不用费力拖拉）。

· 手套：水与手的接触会损坏指甲和皮肤。在做任何需要双手直接接触水的家务时，都要戴上手套，或者在弄湿双手之前，在每个指甲根部涂抹一滴油（指甲半月痕上方覆盖有皮肤的部分）。指甲在干燥时较脆，吸收水分后会变得更干燥（因此指甲易断裂）。如果先用油浸润，它将无法吸收你接触到的水分，也就不会断裂。

日式掸子

在日本，有一种声音，人们能在众多声音中辨别出来：那就是日式掸子的声音，它是由一根细细的黑色竹子，末端装有碎布制作而成的。每天早上，忠于传统的家庭主妇和商店员工都会用他们的掸子用力拍打各种物件，包括餐具、灯罩、纸花、电话拨号键……人们通过掸去灰尘，开启新一天的工作。大家会打开窗户，用掸子大力拍打所有物件表面，包括天花板的角落、家具脚、踢脚板、书籍顶部……

这种掸子不会像鸡毛掸子那样吸附灰尘，而是会使它飞起来，将其移走，让它慢慢飘移并落在地上。一旦灰尘落地，就用前一天饮用后废弃的绿茶叶或几张湿报纸撒落在地上，然后一起清扫。这些碎屑能把地上的所有东西集中起来：灰尘、头发……现在有些女性也会使用吸尘器，但她们也承认后者效果较差（茶叶因为含有蔬菜精华，能使地面更光亮，也能让屋内散发着绿茶的清新气味）。

简而言之，掌握掸子技巧可以使人们在几分钟内拥有一个完美的家居环境。我犹豫了很长时间才开始使用这种工具，原本我以为它只是让灰尘移动了位置，无论如何灰尘还是落在了家具上。但是在真正付诸实践之后，我意识到灰尘每天都会从凹槽中被扫落，所以一切都是干净的。

因为灰尘并不会弄脏物体表面。只有当它停滞于某处时才会变硬，而与潮湿环境相混合，才会变成污垢。我有几位朋友是掸子的忠实拥趸，他们告诉我，过去做家务没有掸子是不可想象的。用掸子打扫过的房间无比清洁，而且空气清新。因为这个物件暗含了一个秘密：它酝酿了“气”。使用掸子，让“气”循环于房间内，所有不良影响都被排除在外，因而环境变得清新，这是打开窗户几小时通风所无法达到的效果。此外，风水学说不是也建议靠移动时钟、水晶球挂饰，或屋内的其他东西，从而移动、改变或是更新“气”吗？有句日语俗语也说，必须让“气”流动，而通过使用掸子就能做到这一点。既然我知道了这个物件的秘密，那么没有它，我便无法开启自己一天的生活。它已成为我不可或缺的东西——一种真正的需求。此外，它还是快速、高效且易于使用的。

如今，我们摒弃了越来越多看似过时的老做法，但我们也因此放弃了一些符合常识、富有学问的做法，即使我们忽略其中的机制，也不能否认这些知识是在多年的经验和创造中发现的，当然也有保健的依据。

最后，我还要补充一点，每天一大早使用掸子（或是投入任何其他形式的家务），都能为一整天提供能量。这令我精神抖擞！

8 家务流程

有家务经验的人知道，有水之处要耗费大量精力打扫：做家务得先从厨房开始，然后打扫浴室，最后是卫生间。接着进行除尘：先打扫卧室，然后是客厅。可以画一张家里的地图，标注上打扫路径箭头。在完成家务之前要把这张纸存放好。然后只要播放一段适合当下任务和心境的音乐就可以了。不妨擦窗的时候听格什温（Gershwin），打扫房间的时候听维瓦尔第（Vivaldi），打扫厨房的时候听艾迪·科克伦（Eddie Cochran）……

如何快速完美地完成家务

我汲取的水中，

闪烁初春时节。

——前田林外[①]

要想确保完美又轻松地完成家务，就要谨记几个常识性原则。只有遵循常规流程和基本原则，家务才能成为一种乐趣。以下就是你需要注意的：

· 首先确保房间整理妥当，没有东西会妨碍家务有序进行。

· 不要做无用功。做家务的时候，把专用的工具篮放在手边，一般是放在左边（如果是左撇子则放在右边）。必须依照这一准则。

· 每件工具使用完后都要立即放回篮子（不要随手摆放在篮子旁边）。

· 不脏的地方不必清洁，也不必反复擦拭一个物件表面。对镜子、玻璃窗等光亮表面要从侧面观察，确保不残留污渍。

· 用抹布时，要把它折叠成手心张开时的大小，做家务时要整个手掌用力。

· 尽可能用双手做家务：擦玻璃窗时，左手拿喷雾（左撇

① 前田林外（1864—1946），日本诗人、民谣研究家。

子则右手），右手拿抹布；一只手紧紧抓住物件，另一只手擦拭；用左手抓住植物的叶子，另一只手擦拭；左手移开椅子，右手扫地或吸尘（所以要选择较轻便的家具）。稍加练习，就能大大节省时间！

· 最低限度地移动物件。例如，要清洁煤气灶的支架，将后面的支架放在前面的支架上，清洁好后再换回去。对于壁橱的内部，将所有东西放在一侧，清洁好后，在另一侧继续进行同样的步骤。如果你有很多东西，把它们放在靠近你要清洁的地方，将它们移动过来，之后再放回原处，这样你就不必做多余的步骤。

· 做好清洁地面的准备，这是最后一步：将小地毯、吸尘器、垃圾桶等放在门边，如果要彻底擦洗地面，还要放一个水桶。

· 按顺时针方向打扫房间，万一被电话、快递等打断时能很容易地继续清洁工作。

· 固定在一个位置，每个需要打扫的地方都要顾及（地面除外）：各种灰尘、物体表面（比如开关、摆设、家具、植物叶片、椅子上的杆子，还有坐垫下的灰尘、滑门的凹槽等）。

· 先掸落高处灰尘（天花板、柜上的书本等），然后用小刷子清除沙发上的灰尘，最后清理下方（灰尘会落下来）：把灰尘聚拢到一个地方，然后用吸尘器或扫把清除。

· 最后清理地面，防止之前有灰尘掉落。一旦所有灰尘都落下来，每个角落就会被清理干净，其他一切也会变得光亮。

· 家务工具必须保持整洁：用肥皂清洗刷子和抹布；清洁用水快用完时要重新添加，抹布在水桶边绞干。还有你是否想过将家务用品（吸尘器、水桶、扫把、工具篮、垃圾袋、卷筒纸等）专门存放在某个方便取用的橱柜中？

开始家务之前

· 整理房间

· 拉开窗帘，打开窗户进行通风

· 给手机充电

· 整理床铺

· 将脏衣服放进篮子或开始清洗

· 倒掉垃圾

· 洗碗

· 给植物浇水，并给鲜花换水

地面除尘

一旦你在需要打扫的房间转了一圈，就会回到原点：前门。在那里可以找到你的吸尘器，或是扫帚、垃圾袋、小地毯……你必须先把地面除尘完毕，然后再擦洗，把离入口最远的地方作为起点。

吸尘器

根据手柄的长度，以直线运动，向前方进行吸尘，然后非常缓慢地向斜后方返回，以便每个地方都能彻底吸尘。为了避免混淆哪些区域已经吸过尘，请通过标记（家具、地板等），在心中将房间划分为若干区域。要系统地行动，而不要随意而为！为了给大地毯吸尘，站在一端并沿一个方向吸尘，然后转到另一端并向另一个方向吸尘。选择扫帚式吸尘器是很明智的：因为笨重嘈杂的庞然大物实在难以收纳，只能拖在身后，它们只会让人断了做家务的念头。下回过生日，让人送你一台小巧轻盈的单体吸尘器吧，不必支撑即可站立。

扫帚

如果你没有地毯，那么一把好的扫帚就足够了。扫地的时候，动作要大幅、坚定但柔和，使灰尘不会向各个方向飞散。清扫时要站直，确保腰部转动（这是很好的瘦腰锻炼），而不是向各个方向移动扫帚。最后，还要爱护扫帚：绝不要把它放在地板上，以防止它卷翘，收纳的时候始终让刷头悬空，或把扫帚悬挂起来。日本有一种特别的扫帚，由植物纤维制成，非常精细，可以吸收最小的灰尘，可以让木地板、榻榻米垫子发出自然的光泽。不幸的是，制造这种扫帚的工匠越来越少，其制造所需的植物材料也日渐稀少。

擦洗地面

晚上诵经之后，下午4点时，僧人必须彻底清洁寺庙。经过几代人坚持不懈的打扫，这些建筑物才能熠熠生辉。即使是粗麻布拖把也被视为珍贵物品。打扫寺庙，使其保持井然有序，对于控制和提升心理状态非常重要。

——西村惠信《禅寺生活日志》

根据污垢的具体情况，你可以简单地用湿抹布（用水、稀释的黑皂或家用醋浸泡）固定在拖把上清洁，每周清洁一次。如果地板是木制的，每季度使用一次抛光产品，或用大量水擦洗。始终向后移动，以免弄脏已经擦洗过的区域。对于亚麻油毡和瓷砖，在一小桶水中装一瓶盖的黑皂进行清洁，不需要冲洗。对于涂油或打蜡的镶木地板，请使用湿布（黑皂可加可不加），不定期使用适当的木器保养产品。对于复合地板或玻璃镶木地板，只要使用湿布清洁，然后用干布擦亮（黑皂会在擦洗过程中使清漆剥落）。

日常劳作

艺术的道路永无止境。我现在所能做的就是竭尽所能。

——宫原

垃圾

曾有一个年轻的僧人，询问师父该怎么处理垃圾（枯叶、树枝等）。师父勃然大怒，斥其愚钝，并教导他没有什么是“垃圾”。落叶是最好的堆肥，而沙砾可以填平坑洞……年轻的僧人如醍醐灌顶，顿悟了其中的道理。

你也是一样，不要用“垃圾”来称呼这类东西。而是要对它们心存感激。但也要避免过量：当你食用未经处理的产品时，就不需要为蔬菜去皮，也能少堆积工业包装物。用活性炭过滤自来水后装在玻璃瓶中，你就不再需要一次性塑料瓶。在水槽的角落放一个小过滤器，也能方便地收集蛋壳、茶叶和其他潮湿的厨余小垃圾（然后用报纸包裹起来丢弃）。如果你有一个花园或大阳台，就能顺利地收集堆肥。如果要装玻璃瓶罐，可以选择坚硬的柳编篮子，内衬一个塑料袋，这样你可以把它们放在同一个地方，避免意外打翻并砸在厨房地砖上，也能更轻松地转移到回收箱。尽可能多使用棉质毛巾（即使只有手帕大小），少用纸巾。而且也要尽可能减少垃圾的产生——可能有一天，我们也会像许多欧洲国家一样，必须按垃圾重量缴纳回收费。

餐具

如果你没有洗碗机，或者不想用洗碗机清洗几个杯子、盘子，那么可以将热水倒入碗中，再加入少许洗涤剂，戴上手套，穿上围裙，把所有要洗的东西都集中放到水槽里：没有油渍的餐具放在一个盆内（玻璃杯、咖啡杯、面包刀等），油腻的盘子则放在旁边。首先清洗最小的东西（小餐具、小模具等）和盆内的餐具。然后从盆子里拿出，放在水槽的第二格。对于油腻的餐具，先用一把硅胶小刮刀刮掉盘子和平底锅中残留的食物（这样可以节约用水和洗涤剂），然后再浸入洗涤液中。清洗干净后，和之前洗好的餐具一样，放入第二格中。同时冲洗所有餐具（以免浪费用水），最后晾干。

你要学着将碗碟以尽可能美观的形式摆放在餐具架上。以前在日本，人们会把碗碟巧妙地放置在大型餐具架上，令人赏心悦目。而家庭主妇也会竭尽所能，把碗碟按颜色和形状分类，尽力定期整理，使其保持美观。

然后就要着手处理较大的器具了（如炖锅、平底锅等），可以使用洗涤剂和刷子清洁。如果你没有时间擦拭，或者你不想让水垢沉积，可以铺在工作台、餐桌、餐具桌上，在吸水布上吸干。也可以直接在炉灶上烘干（如平底锅和铸铁锅）。

床铺

叶子飘落下，
在晒干的被褥上，
还有游廊中。

——正冈子规

钻进干净清爽的床铺是人生最大的乐趣之一。整理时得把枕头扔在椅子上（最后再放回去），取下所有毛毯和床上用品（每周更换一次），将床单向四个角的方向拉，使其尽可能平整。将床上用品、毯子或被子放在靠近床头的地方，然后将它们平整地铺开，盖到床脚。要尽可能少在床边移动，甚至只转动一次，像酒店清洁工一样，在一头展开床上用品和毯子，然后绕着床边转一圈，把所有地方掖好。

为了避免把床单与配套被子或相应的床铺搞混，请务必将套装（床单、被套、枕套）放在一个枕套中，摆放在卧室中，比如放在抽屉里，或用床底的漂亮盒子收纳。

为了清洁棉质的床罩或沙发套，要把它们整夜泡在浴缸里，放入极热的水中，加入洗衣粉或黑皂，然后用脚用力踩踏。第二天，再把它们放进洗衣机中。它们会比拿去洗衣房送洗更干净，你节约下来的钱可以买一束漂亮的鲜花。

洗衣

> 在寺庙地下室的洗衣时间，每位僧尼都手洗衣物，并用洗衣机脱水。然后，她将衣服放在一个折叠式烘干机（也是个人自备的）上，将衣服折叠成非常小的方块，用手掌轻轻拍打（让衣服的纤维压扁，衣服起皱后，能“重新蓬松”起来）。在这里，人们并不了解如何熨烫。所有睡衣（棉质和服）和内衣都是白色的。一切白色衣物，放在个人使用的小干衣机上，构成了一道独特又充满魅力的风景。
>
> ——摘自我的寺院日记

你要保养好衣服，就像白鹭要抚平羽毛，猫要舔毛一样。若想轻松地洗涤衣物，就必须先浸泡一下。如果你用手洗（手工洗涤是一项非常愉快的任务），就要沿着经纱方向拧干织物，而不是纬纱方向，以免使织物变形。

细腻的羊毛和羊绒衣物，要记得放在枕套中清洗，在温暖的房间里，将它们夹在两条毛巾之间平放阴干。如果要冲洗羊毛衣物，就在最后一次加水时，倒入一杯加了醋的水，可防止衣物起球。

熨烫

始终要沿直线方向熨烫织物，让纤维柔顺。传统熨烫的顺序：上装，下装，然后是家用织物。不要忘记在篮子里准备好折叠器（从而使衣物平整，方便熨烫），这一步几乎和熨烫一样重要。

厨房物件表面

> 肮脏的房子对我来说意味着其他东西，就如同女人深陷危险状态，双目失明，忘了我们能看到她做了什么或没做什么。
>
> ——玛格丽特·杜拉斯《物质生活》

用一块湿抹布，蘸少量家用醋，把各种物件表面擦拭干净：衣柜门、墙壁、冰箱、微波炉、水槽、咖啡壶……

不太频繁的家务

冰箱内部

如果你的冰箱未放满，请把食物从左向右移动，把底座擦好以后，再放入东西。如果冰箱放满了，就把东西放在桌子上，或厨房的台面上。对冷冻抽屉，也快速地进行上述操作。适当的时候，你还要清洁冰箱外部：在清洁其他厨房物品表面（橱柜门、台面）的同时清洁冰箱外部。关键是在冰箱空着的时候进行清洁工作，然后再重新开始购物。

烤箱

如果烤箱非常脏，请在前一天，用黑皂喷洒在它的表面，从而使污渍变软。你也可以把烘烤纸浸入酒精和醋，将其放在烤箱的两侧。为了避免把炉台前面弄脏，请在地上，烤箱前面的位置，垫上旧报纸，或用旧床单剪成的碎布。

第二天早上，首先用刮刀刮去最大的污垢，然后使用百洁布擦拭。为避免不必要的步骤，先等待一会儿，再在水槽中冲洗海绵：必须先用旧抹布或报纸，把碎屑抹掉。然后用白醋喷雾清洗烤箱，擦拭之后，再加热几分钟彻底烘干。那时你就可以冲洗海绵，并把碎屑扔进垃圾桶了。

如果你有一台带热解功能的烤箱，等烤箱一冷却下来，就用湿抹布擦拭内部，去除热解转化脂肪产生的“烟灰”。

楼梯

使用扁平小除尘刷，将角落的灰尘带到每级楼梯的中间。然后从楼梯的顶部到底部吸尘。

百叶窗

用白醋浸湿抹布，朝一个方向擦拭。将板条朝另一个方向，再用抹布擦拭。如要彻底清洁，请取下百叶窗，将其平放清洗。

然而，免除这些劳动的最佳解决方案，还是每天使用掸子除尘，或用旧的羊毛手套擦拭。

浴室瓷砖

你可以用刷子蘸少许白醋或稀释的黑皂（要非常少以避免滑倒）来清洁，然后用干布擦拭。用白醋或纯黑皂，使用硬毛小刷子，能去除霉菌。漂白剂也能很好地清洁霉菌。但避免此类工作的最好办法还是每次使用后都擦干潮湿的墙壁，这样也不会留下水垢。

木制家具

首先用蘸水的布擦拭。如果它们很脏，可以使用稀释的黑皂，能起到保养木材的作用。你可以每 15 天使用一次清洁产品（50 毫升喷雾：混合 5 汤匙白醋、5 汤匙橄榄油和 15 滴柠檬精油）或少许液体蜂蜡。你也可以只使用橄榄油：它能滋养木材，使其富有光泽。如果你想追求“极简主义”，让受损的旧木材恢复昔日光泽，那么就像日本老古董商一样，用两颗核桃仁，在塑料袋或玻璃纸中把核桃肉研磨碎，然后把这团混合物放在一块双层纱布里用橡皮筋绑住。等待 5 分钟让核桃油渗透纱布，然后擦拭木家具，之后再抛光。这种方法十分神奇！

9 姿势文化

家务是思想和姿势的巧妙结合，可以视其为一套完整的物理美学体系。茶道象征了人们日常活动的精髓。每个器具、每个动作，甚至最小的姿势都必须赏心悦目。

只要流程精准，保持充满热情的精神状态，做家务也能成为这样一种文化。也只有校准节奏才能带来精致。那么秘诀何在呢？就是在每个姿势中都力臻完美。

精准优雅的姿态

老道士的一举一动都从容不迫。

——蒲乐道（John Blofeld）[①]

① 蒲乐道（1913—1987），英国汉学家，主要研究有关亚洲的思想和宗教，尤其是道教和中国佛教。

手在转动过程中，准确的手势可以最大限度地节省精力，在执行艰巨任务时能尽量减少阻力。每个人都有适合自己的姿势体系，但仍然可以规范这些姿势，将其作为一系列舞蹈动作那样来进行调整。例如可以创造出一种有节奏的拍子。

要让家务成为一种乐趣，光有强有力的想法是不够的，身体还必须能够优雅地跟上节拍。节奏成为关键因素，动力就有了冲劲儿。于是身体的动作变得比想法更强大。优雅的家务劳动可以成为一件充满美好、富有意义的活动。下次你在做清洗、洗衣、除尘的时候，请观察自己的每个动作。这会让你感觉到正在做的事情非常重要。

精确动作的愉悦

平凡生活是纷繁复杂的。从来没有两天是完全相同的，也没有两小时会无事可做，或不必做决定。每分每秒，你必须临时安排各种细节，摸索之后再行动。但是有些任务，例如家务劳动，可以不遵守这一规则。当人们在所执行的任务中注入强烈的自我感，就能形成一系列完美的动作，其特点是非常精确，尊重自己的身体和周围的物体。这种精确度也是对于粗枝大叶、不求甚解、心浮气躁、虎头蛇尾、自欺欺人等习惯的胜利。

在禅宗世界，弟子学会了精确地去做任何事情。所以，他在擦碗的时候，会用抹布勾画出“ゆ”的字形，即在碗的底部画一个圆，接着从上往下画一条中位垂直线。通过这个动作，能用抹布一次性擦完碗的内侧。这很具有象征意义，同时也很高效，且易于记忆。

如同茶道一般

> 茶道师傅缓慢地提炼姿势要点，谦逊地处理每一步，教导我们通过行动来融合精确和优雅，不厌其烦，学习尊重物件。
>
> ——维尔内·郎贝西《茶室与茶艺师》

在日本，喝茶的目的从根本上来说就是促使个人在日常生活中更好地生活。用省力而精准的姿势擦碗，既可以用于早餐洗碗，也同样可以用于茶道仪式。这是出于审美和效率的考虑。

茶道仪式是一门学问，需要数百次练习才能在严格的姿势中找到行动的自由以及流畅的衔接。所有的一切，从准备餐具到最后打扫茶室，都需要精准无误、完美平衡，动作娴熟可靠、毫厘不差。

从腰带间抽出一条红色绢布来清洁茶罐，细心地抓住绢布，仿佛当作崇拜对象，用细致的手法擦拭茶罐。然后，用同样的方法处理茶匙，再把绢布折叠起来……所有姿势都打着精致细腻的烙印，在这种仪式中，手上绝不会犯任何错误。每个动作都很缓慢，并且经过计算。声音减少到最低限度，除非它有助于宁静和谐，例如茶筅的声音。当击打结束的时候，有一种余韵徐歇（“残心”）的感觉，一种平和，穿透环境。但只有这种程度的专注，以及与日常生活的距离，才能使人进入平和与超越的状态，而艺术的终极目标正蕴含于禅学中。

动作的流动

茶道师傅谈到了“动作的流动”。这种能量的流动似乎指引了所有的执行，于是心灵完全得到释放，通过行动和专注，摆脱了自我。

师傅已经达到了这种空灵状态，物我两忘，任姿势舒展，这是一种接近超越的状态，在这种情况下，意识不再需要表现自己来实现和谐。有一种存在于世界上的感觉，同时又是一种强烈的超脱感。一旦他获得并吸收了这项技术，就可以超越技巧，毫不费力地靠本能行动。他完全遵守所有规定，而其性格最终会反映在他的行为实践上。

互相渗透的姿态和思想

完美的工作体验、以自由意志运行的手艺，释放了梦想和思想。在日本，自然、生活和艺术相互融合。我们不关心我们做什么，而是关心做事情的方法。让事情各归各位，充分利用其中最佳部分，这是日本人的生活方式。他们相信，只要保持自然秩序、简洁、真诚和幻想，他们家中的一切都可以成为艺术品。他们会毫不犹豫地做好清洁工作。这不再是自我的行为，而是本能的驱使。这种本能，能够协调宇宙的舞蹈与节奏。当个人与宇宙的节奏相和谐时，“命运同步”就能完成神奇的工作。

当姿势和心灵得到调和

> 师傅穿上白鞋，在编织垫上移步向前。然后纹丝不动。亚麻毛巾在手边滚动，以去除所有痕迹。动作缓慢，一丝不苟。在动作前后休息片刻。尽管有摩擦和沙沙声，但几乎没有打破平静。
>
> ——维尔内·郎贝西《茶室与茶艺师》

第一步始终是自身的体验。找到合适的姿势，去除无用的环节。舞者伊莎多拉·邓肯（Isadora Duncan）[①] 研究过鸟类的飞行、大象的舞蹈、风中的云彩、波浪、树木或花朵盛放的运动。“我面前的鲜花包含着舞蹈的梦想：这种舞蹈可以被称为落在白色花朵上的光。这种舞蹈也是光影和纯白的精妙翻译。如此

① 伊莎多拉·邓肯（1877—1927），美国舞蹈家，现代舞的创始人，是世界上第一位披头赤脚在舞台上表演的艺术家。

纯粹，如此强大，以至于人们会说：这是一个正在舞蹈的灵魂，一个已通达光明并发现纯洁的灵魂。”

融入亲手缔造的美好

要做清理，就必须热爱美好之物。注视整齐的衣柜，就像与它对话。但快乐不仅仅是沉思。当人们感到正朝着完美的方向努力时，他也会在行动中感受到快乐，而超越触觉的感官。快乐也在自身中，在运动的身体中，在优雅姿势所创造的美好之中。

人们可以从其姿势中体验到审美价值，让家务的过程“翩翩起舞”，以便和谐汇入创作中的生动画面。实际上，一切都融入了整体。无论是宏伟的还是悲惨的，花朵或尘埃，以及工作中的艺术家，都是杰作的一部分，都是从他手中诞生的美。

10　属于自己的舞蹈

改变姿势，使头脑更清晰

当改变自己的身体位置时，想法也会随之改变。

——太极拳老师

太极拳老师说，人们如果把身体从机械运动中解放出来，就把精神也从机械思想中解放了出来。但反过来说也是正确的：如果你改变能量的流动，就会改变它的结构。

当清醒出现的时刻，我们会自动从扭曲位置调整到正常的位置；反之亦然。你在做家务的时候要背部挺直，并保持平衡，不对抗任何困难动作（俯身、弯腰或者用指尖够到置物架顶端等）。这样你的想法会立即变得更加清晰。

超越身体限制

平凡的生活由此开始：从节奏和运动，从不断重复和再创造的舞步，从身体和情绪……

——让－克洛德·考夫曼《工作的核心》

必须强调一点，并不是只通过身体运动就能产生充实的状态，精神也要参与其中。例如，要知道游泳的乐趣，就必须培养一系列能力，从一开始就形成全神贯注的风格。如果没有适当的思想、情感和动机，就很难接受必要的训练，从而热情饱满地学好游泳。大脑和肌肉都应融入其中，这也是健康的标志。每个人不管天赋如何，在爬山的时候都可以更高、更快或更强。所有人都可以享受挣脱身体限制的乐趣。即使步行也能成为有趣的活动。这种快乐不是来自我们做了什么，而是来自我们做事的方法，关键是要投入其中。因此，你不必拥有跑车或豪华游艇。当人们从事花费不高的休闲活动（针织、园艺、烹饪、聊天等）时，并不意味着乐趣就会减少。那些需要很少物质资源却要大量精力投入的活动，有时比那些需要投入很少个人资源却要消耗大量物质资源的活动更有价值。

以舞者的优雅投入家务

> 当然，这需要大量的研究，但这是令人着迷的，也是永无止境的。那意味着花好几小时研究摆放肩膀、下巴、腹肌的正确方法。身体的每个部分都必须分别研究，好像研究机器的不同零件一样。然后要把所有小拼图拼凑起来，沉浸在个人的艺术表达中。
>
> ——鲁道夫·努列耶夫（Rudolf Nureyev）[①]

谁不羡慕直面重力定律的舞蹈明星呢？一个沉浸于家务中的女性也可以展现优雅，并以自己的方式创造美好，这比她对生活的其他发现更加确定，同时也不必拥有很多技巧。就像舞者一样，她的存在就在此刻，简单纯粹。她姿态华美，似乎成为宏大宇宙的集中体现。如同舞者一般，她通过耐心训练获得了高超的艺术水平。像舞者一样，她花了好几小时来完善最细腻的动作，以达到完美的效果，通过在每个细节中精准想象她

① 鲁道夫·努列耶夫（1938—1993），苏联著名的鞑靼族芭蕾舞蹈家。他卓越的舞技为舞蹈界开辟了全新的领域，并扭转芭蕾舞中男舞者仅作陪衬的现象，提升了男舞者的地位。

想要达成的，熟练掌握各种技巧，调动自身的心理和机体能量，使表现趋于完美。

编舞家玛莎·葛兰姆（Martha Graham）解释了如何掌控身体，从而成为一名舞者。她说："最后，发生了一件非常美妙的事：你一步一步向前走。十年后，你就学会跳舞了。你会知道人体的奇迹，因为这是无与伦比的。下次请你在镜子里注视自己，看看你的耳朵如何贴合着头部，看看发际线如何在额前生长，想想你手腕上的所有小骨头，想想足尖上的魔法，小小的脚上承载着所有重量。这是一个奇迹，而舞蹈是对这个奇迹的庆祝。"

与灵魂一起运动

通过灵魂的力量，身体可以转化为明亮的液体。肉体变得轻盈透明，就像照X光一样，但不同之处在于人类灵魂比这些射线轻微得多。灵魂具有神圣的力量，当它占据身体，就将其转化为一片飘移发光的云，灵魂就于此中显现了出来。

——伊莎多拉·邓肯

根据伊莎多拉·邓肯的说法，有三种类型的舞者：一种是把舞蹈当作体育锻炼的人，一种是用舞蹈表达情感的人，还有一种是用身体传达灵魂之呼吸的人。

下次你做家务的时候，请记住这些话。你甚至可能想为做家务而换上舞蹈服装，在舞动中重新发现柴可夫斯基的魅力。

成为自身以外的另一个人

我看到自己站在新泽西老农场后面的一座山上，以一种无意识的姿态抬起手臂，与银光闪闪的皎洁圆月融为一体。在那一刻，我听着微风轻柔细语，拂过高大的松树顶端。我开始舞动。这是我第一次感受到身体需要与宇宙节奏相连。在全然愉悦的舞动中，我成为一个自由个体，存在于美好而无垠的世界。我融入了宇宙无形的脉动中。

——露丝·圣丹尼斯（Ruth Saint Denis）[1]

每种类型的舞蹈都将舞者变成了不同于他自身的存在。他摆脱了预先设定的生理、心理和社会结构，也由此释放了自己。当舞蹈遵循重复的节奏，并且每个动作都胸有成竹之时，就会获得这种释放。由于不再需要承担决定下一个动作的责任，精神不再背负重担。在增加舞者能够做的动作时，它们也能增加心理和精神上的可能性。因为每个动作、每个姿势，都反映了一种精神状态，而更多动作的集合也折射出更丰富的内心世界。

淋浴间需要清洁？蜘蛛网需要移除？这是审美研究的绝佳机会，意义远远超过简单的功能！享受这些动作吧，这是一种立竿见影并且双重的快乐：一是把你的生活场所打扫干净；二是通过与功能性行为的美妙融合，在你身上铭刻下优雅。

---

① 露丝·圣丹尼斯（1879—1968），现代舞先驱之一，美国现代舞的奠基人，出生于美国新泽西州一户农家。

我们的身体是一种意识状态

全不属于我，
除了心灵的平静，
天空的清新。

——小林一茶

除了“物质”以外，我们的身体还具有一种意识状态。你不必陷入沉重的困境，而是可以像舞者和运动员一样感知它，因为有节奏和规则的存在，它们就像是能量，是轻盈和欢欣的源泉。让你的身体有机会与空间、与万物共舞。请始终抱持同样的理想：让你自己、你的姿态和周边事物融为一体。请享受独自在家中做家务的简单和愉悦吧。

请从美学视角看待你的运动和动作衔接，在装饰物品、清洁窗户、擦洗地板，感觉自己在移动的时候，试着认为自己在旋转。当你的身体需要休息时，你可以沉浸在冥想的喜悦中，一边熨烫衣服，一边享受美妙柔和的音乐，顺便细品一杯茉莉花茶。通过细致精微的姿势，时间和空间得到了延伸。

大脑体操

在做过困难的工作之后，其他一切都会显得容易。要清洗或擦拭地板，动作要幅度大并且有力，拿着抹布从右向左擦拭地板，再从左到右地擦，不用跪下来。据说跪下对背部不好。擦地板的时候，必须看起来精力充沛。我们的师父告诉我们，如果我们想要提起精神，就会显得状态良好。打扫卫生也是一样。

——摘自我的寺院日记

清洁也是体育锻炼！踮着脚尖擦窗户或整理橱柜、扫地、擦洗、洗衣、烘干、洗碗、熨烫，全身都被调动起来，进入了运动状态。而根据“大脑体操”发明者保罗·丹尼森（Paul Dennison）提出的原则，运动有助于恢复与大脑的联系，缓解紧张，刺激偏侧性，改善平衡，最终能使情感内容和抽象思维之间更加和谐。既然必须让身体运动起来，那就让它发挥作用吧。

家务体操

为什么不利用家务来塑造和调整你的体形呢？家务需要调用身体的所有肌肉，并能改善血液循环。不妨让这个任务成为瘦身助手。擦窗户、吸尘可以成为真正的拉伸运动。在安排常规家务的同时，就要匹配好适合于每项任务的体育锻炼。你很快就会发现，除了不必去昂贵、拥挤，充斥着野蛮器械的健身房，这样做还有很多益处。例如，擦窗能使手臂纤细，并能增肌。清洁架子顶部则可以成为伸展运动。

当你在处理高处物件表面的时候，请踮起脚，然后先一只脚站着，最后换另一只脚站着。始终注意自己的姿势，动作饱满，使每个动作都能让你身体的一部分工作起来。如果所做姿势都经过仔细研究和实践，家务就能成为一个真正的体操课程。

清洁地板

保持胸部直立，腿部弯曲。一只脚放在另一只脚稍前方，就像时装模特一样，向前移动，校正胸部的垂直姿势。迈出大步子，大幅度屈腿。将扫帚把手尽可能地推开。你身体所有部位都会工作起来（手臂、腿、背部、臀部等），它甚至会让你流汗……禅宗僧人在清洗寺院地板的时候，会用双手支撑在拖把上，并尽可能快步跑向对面的墙。

用扫帚和吸尘器打扫

扫地的时候将手柄保持在身体轴线，能让腰部使上力。你还可以采用坐姿（没有椅子）或踮起脚尖 10 秒钟，这会让你感觉腿部肌肉在起作用。通过吸尘、扫地、擦洗地板能提供有效的体育锻炼机会：手臂、腿部都得到了调动。当你吸尘的时候，定期更换手臂（每侧约 20 次），以调整肩部。推动吸尘器，腹部一收一放，交替 10 次。腿部弯曲，一步接着一步后退，就像平衡杆一样。同时上半身保持挺直。

装满并清空洗碗机

装满和清空洗碗机可以使背部和侧面肌肉得到拉伸。将臀部从一侧摆到另一侧，能使腰部柔软。

花点时间分别盖上或取下每个盖子，可以增加拉伸的持续时间。

洗碗

收起腹部，夹紧臀部。然后，收紧膝盖，慢慢将每只脚向同一侧臀部方向提起。每次练习 10 次。

擦洗瓷砖

整个身体的上半部分都会工作，尤其是肩膀和手臂。练习用手臂流畅地划出大圈。肘部相交，记得换用手臂，以便对称发力。背部笔直，往一个方向划大圆圈，然后再换另一个方向，一只手拿湿抹布，另一只手拿干抹布：一个方向划 10 圈，另一个方向也划 10 圈。不要忘了收紧臀部 10 秒后再松开。

你也可以享受改变速度的乐趣：一会儿加大幅度，放慢速度；一会儿加快速度，划出小圈。

现在请想象一个有氧练习：从上到下清洁落地镜或落地窗，你就能交替伸展四肢或屈膝。你也可以借此机会，通过镜子研究自己的姿势和动作的流畅性。

铺床

小心不要伤到你的背部。脚步移动（一只脚放在另一只脚前面），弯曲双腿，与床的位置相齐平，弯曲腿时收缩臀部，采取这样的姿势更加健康。此外，手臂也要发力，做大幅度的动作，来给床铺通风。

俯身捡拾物品

比如收拾儿童玩具、纸张等，这是让腿部特别是膝盖变灵活的理想机会。背部挺直，腰部缓慢下弯，并保持这个姿势，停留几秒钟。还可以采取更难的姿势，但效果同样很好：脚跟不要着地，保持平衡几秒钟（这是常见的瑜伽练习）。如果你足够灵活，也可以在弯腰的时候背部挺直，并且不屈膝。

提重物

比如要晾晒的衣物篮，要移动的小件家具，请始终确保重量平衡。尽可能收紧肩胛骨。捡东西时不要让背部发力，而要让大腿发力。

晾衣服

设想一下芭蕾舞演员，一切都在足尖上。背部伸直，双脚钉在地上，踮起脚尖，收腹并收臀，手臂始终在视野里，背部不要弯曲。你的小腿会变坚挺，脚踝会更纤细。如果要在低处的绳子上晾衣服，就要屈膝，倾斜时抬起脚跟。

清洁浴缸、淋浴器和厕所

> 漱石先生把每天早晨上厕所当成一大乐事，说是一次生理的快感。要品味这样的快感，当数身处于闲寂的板壁之中，能看见蓝天和绿叶之色的日式厕所为最佳场合。
>
> ——谷崎润一郎[①]《阴翳礼赞》

---

① 谷崎润一郎（1886—1965），日本近代小说家，唯美派文学主要代表人物之一，《源氏物语》现代文的译者。代表作有《刺青》《春琴抄》《细雪》等。

用双臂从前向后推动，调动肱二头肌和肱三头肌。在清洗那些特别难够着的地方时，请充分利用这个锻炼机会，比如淋浴器顶部，或距离浴缸最远的地方。要清洁浴室的瓷砖，请采取下蹲的姿势，背部稍向前倾，找到平衡点。这样你就能加强下肢，特别是大腿的肌肉。

清洁平坦的表面

比如厨房的工作台、壁橱门、地板等，请保持在固定的地方，尽量清洁到周围较远的范围，而不要移动位置。即使当你在擦窗户的时候，也要试着不用梯子，而是踮起脚尖擦拭。为了擦窗时更专业，用湿布在一侧划垂直线，另一侧划水平线。这样可以看到哪一侧留有污渍。

家务着装

衣着不是万能的，但是漂亮的装备和美妙的音乐，能帮助你把做家务的时间，转变成在豪华水疗中心放松身心的美好时光。家务是一项运动，必须穿着符合环境的灵活衣服。例如，紧身长裤和浅粉色 T 恤就很完美。再配上一双芭蕾舞鞋和一条与 T 恤同色的头巾，聆听或重温一组音乐节目（春天听维瓦尔第，夏天听贝多芬，秋天听莫扎特，冬天听巴赫），你能在这里获得一小时的美容兼体育锻炼。而智慧就是从每种情形中汲取最有益的东西。有一天，我的一位朋友告诉我，她选择成为一名专业舞蹈演员，是因为她的母亲是残障人士，所以她比任何人都更清楚，我们能移动身体，在运动中美化并享受生活是何其幸运。

11　这样的房子易于保洁

有些房子较少需要保洁

我知道哪些地板打扫起来特别费劲儿。多孔的、深色的老地板就很难擦洗，污垢堵塞的地方实在让人绝望。简而言之就是糟糕透顶。有些房子情况特别差，很快就会变脏。比如靠近马路的老旧房子。人们对这类房子深恶痛绝，容易脏的颜色、不理想的朝向、脏兮兮的窗户都让人糟心。日晒雨淋，让人一览无余，肮脏的窗户成了无所作为的证据。还有些房子就很容易保养，地板上只要有一块湿布就能擦干净，那简直就是伊甸园。

——一位网友

房屋朝向不好，或房屋的建筑材料不好，并不是保洁难度变大的唯一因素。如果有些习惯能有所改变，就能节省好几小时的家务时间。没有哪所房子是不需要做任何家务的，但有些房子就是需要较少的保洁。这主要取决于以下几个因素：

· 打扫的规律性

· 拥有物品的总量和类型

· 日常习惯

· 家庭的规模

· 是否有宠物

· 对残缺之美（“侘寂”）的兴趣

你做越多小规模的家务，需要做的“大家务”就越少；反之亦然。累积的灰尘、污渍和残留物随着时间的推移而变硬——我们用以清洁的时间越长，所需耗费的精力就越多。即刻擦拭污渍，可以很容易擦掉。而任其保持原来的状态，它就会变得难以消除。

我们拥有物品的种类

有些东西清洁起来特别让人头疼。比如有很多犄角旮旯的厨具。这个搅拌器到底有没有人考虑过，根本没办法清洁。还有这个燃气灶，什么都不能拆洗，一点儿都不方便，当初到底是怎么设计出来的！

——一位网友

大家具不太需要很多清洁，相反是小家具有这个必要。不过好在较轻的家具在需要清洁后部的时候（小桌子、草编椅子等）更容易移动。最理想的是房子里没有家具（或是家具被放进无门的壁橱里，日本人为了让空间更整洁宽敞，就会这么做，哪怕居室只有 9 平方米），或者用橱柜代替大衣柜和五斗橱，晚上睡觉时就把床垫从橱柜里取出来，早上在窗边通过风后再放回去（法国人用的床垫比日式床垫重得多，日本人的床垫只有 2 公斤！）。但如果你觉得这些方法不够具体可行，你也可以在冰箱、炉灶、沙发等东西下面安上小轮子。

还要注意地毯，它们会起绒，在房子里产生大量灰尘（或者可以选择短毛的地毯，不太难打理）。地毯是灰尘、螨虫和其他烦恼的巢穴。如果你想将保洁工作量降到最低，只需要拥有最低限度的物品（不用后悔，把小圆桌、杂志架、凳子、花瓶、地上的植物、小雕像、各类装饰物等占地方又积灰尘的东西撤走，它们会让你的清洁工作复杂化）。为了避免看到太多东西要除尘，尽可能把东西（文件、不常穿的衣服、毯子等）存放在长方形的大盒子里，放在架子上。

至于你希望出现在视线内的物件，无论是花瓶、灯具还是烛台，都要确保它们线条纯粹、简洁、明朗。在这些平滑的表面，很难积尘。

能够为你节省时间的习惯

> 入口处禁止乱放鞋子。
>
> ——一座禅寺内的告示

· 立下规矩，要在门口脱鞋（包括水管工！）。可能在西方，很多人仍然很难改变老习惯，但是精美的室内拖鞋（男性和女性的拖鞋颜色不同）可能会帮助他们摆脱不卫生的习惯，以及不尊重室内环境的做法！东方人则更多时候会用脱鞋这一举动来标记室内室外的边界，以避免弄脏他们的地板。

· 确定专门剪指甲、梳头等的位置。对于这些常见的动作，准备好一个带扶手椅或凳子的小地毯（或一个倒置的桶作为座位，不使用的时候，它可以收纳在淋浴间）——到时你所要做的就是清洁地毯和座椅。

·优先使用可以装下各种东西（包括面包）的大盘子，这样可以减少要洗的餐具。

·用完餐后立即洗碗，这样碗碟和锅里的东西就不会变得干硬。如果无法做到这一点，可将脏盘子放入一小盆热水中，用稀释的黑皂浸泡。

·在你做饭的时候，等候饭食烹熟的过程需要一段时间，也可以随时清洁锅碗瓢盆。当你坐下来吃饭的时候，应该没有多少厨具需要清理了。将蔬菜放在一个小盆子里，或垫着报纸去皮。将蔬菜储存在纸袋里，或用报纸折叠而成的篮子里。还有一个细节同样重要：避免油炸食物。这对维持你的身材有帮助，同时也能避免在厨房的各种物体表面（抽油烟机、墙壁、水槽等）残留油脂。用蒸汽烹饪就非常可取：加上一块榛子大小的黄油，以及你自己特制的酱汁，配以新鲜优质的原料，调味效果一流。

·用完卫生间后立即打扫：这样就没有发硬的牙膏，没有水槽中的头发，也没有淋浴墙上的水垢。始终在水槽边放一块小心折叠的小抹布，擦去镜面或水龙头金属表面的水滴。将固体肥皂换成液体肥皂。

· 不要把水龙头开得很大，而是要使用小水流：这样你能避免不必要的浪费，也不会让飞溅的水滴弄脏水槽或洗手池周边。此外还要使用刷牙杯。

· 不要在椅子或地板上堆放脏衣服，把它们直接放入洗衣机，或挂在门后的脏衣袋里。最理想的是更衣室就在洗衣机附近。晚上，就像日本人一样，把衣服放在一个有类似功能的篮子里，靠近被褥摆放。为了使你的工作更轻松，请确保在脏衣袋旁边有一个带拉链的细网袋，用于清洗内衣、袜子、手帕等时使用。

宠物

如果你在家里饲养宠物，就会很难保持房子清洁。宠物的毛、爪上粘的泥土、地毯上的跳蚤真是烦人。要么你让宠物待在户外的窝里；要么它们每次进门时，都帮它们把脚爪刷干净。如果宠物身上有跳蚤，用几滴薰衣草油搓手，跳蚤就会立即逃走。你也应当训练你的狗，不能进入某些房间，不要让它跳上床或椅子。对于猫，就算和它说不能跳上厨房工作台也没有用。可人们还是会说，小猫咪就是这么可爱呀！

几点常识

厨房

日本的女主人除了喜欢装饰家居，还很热爱清洁的环境。她们会把不常用的碗碟包裹在玻璃纸中，在覆盖着玻璃纸的砧板上切鱼。她们也会在家居用品（茶壶、面包机、电饭锅、漏勺等）上盖一条白色内衬纱巾（上面通常有刺绣），这样灰尘与厨房油脂的混合物就不会落在这些物件表面了。最有智慧的人，即使没有这些现代生活的装置，一样能很好地生活。因为，这些器具虽然看起来很实用，却会耗费我们很多时间来清洁、修理，或更换损坏的部件（更不用说还得花费大量时间维修自己偶尔使用的咖啡机，不得不在售后服务台前排长队）。很多时候，日本女性手动切割、剁碎各种食物，她们会在砧板旁边放条湿毛巾擦拭砧板和刀具，每次切完东西就擦干净，而不是放在水下冲洗。因此，她们能避免多余的步骤，也不会造成浪费。

你有没有考虑过，在平底锅中同时烧煮意大利面和蔬菜，而不使用烧锅？一旦把配料都烧好，只需倒出汤水（食物留在平底锅中，盖上锅盖），加入少许油、调味品或香料，就大功告成了。这样只需要洗一件东西，而不是三件（漏勺、烧锅和平底锅）。

还要记得给油腻的餐具配备硅胶刮刀。如果锅底或盘子里还留有咖喱，请使用刮刀去除各种剩余的食物，然后再清洗。这样可以防止弄脏水槽和水管，洗碗海绵也不会很油腻，还能节约水、洗涤剂和时间。

衣物

请选择易于护理的颜色！人们可能会很惊讶地发现，禅宗教徒中经常能看到黑色（靠垫、衣服），似乎与宇宙间丰富多彩的调色板不太协调。但我们必须记住，黑色是实用和传统的象征。在日本，这种颜色的衣物使用一直非常普遍，而且价格便宜。人们认为这种颜色的衣物非常方便，因为就像靛青色一样，不显旧，十分耐脏。至于白色，也是一种很易于保养的颜色：加一点漂白剂就能洁白如新了。

至于熨烫，如果这对你来说是一件苦差事，为什么要完全屈服于它呢？其实有多种涤纶或尼龙，以及采用其他技术生产的衣服能有效防皱。只需在手掌还湿润的时候，沿着纤维方向轻拍，或者小心翼翼地折好并叠放起来即可（每次都要先使用叠在最下面的衣服）。记得为家庭成员准备多个衣物篮，并在上面标明每个人的名字。你会把床上用品放在里面，每个人都应把篮子放在床底的抽屉里。此外，还要问问自己是否有必要熨烫。在禅宗里，要避免无用的动作，而熨斗这种事物根本不必存在。

还有一个小秘密：想要拥有洁白无瑕的衣服，就不要煮沸。有位床单销售员曾向我解释说，棉质衣料原本是象牙色的，是经过染色才变成纯白的。如果将其煮沸，纯白色就会褪去！

浸泡使洗涤更容易

我们的祖辈还流传下来一个诀窍，或者更确切地说是，那是他们节省用水、节约时间精力的头号法则，就是在洗涤之前浸泡所有脏的东西。

没有必要使用洗涤剂来清洗那些并不油腻的物品（如玻璃杯、沙拉篮、茶壶等）。先洗涤不油腻的东西，并且也不需要冲洗。

对残缺之美的兴趣

> 有人说："薄绢装帧的书籍封面很快就会损坏。"顿阿却说："并非如此！当薄绢顶部和底部磨损的时候，反而更有魅力。无论什么物品，所谓完美就是一个缺陷。没有完成的部分，保持其残留的样子，既有意犹未尽的乐趣，又有生机延续的感觉。"
>
> ——吉田兼好《徒然草》

"残缺之美"是一种禅宗美学概念，由 16 世纪时的茶道师发展而来，它重视不完美的美感，强调对老旧事物、对岁月痕迹的趣味。谁能否认穿旧的牛仔裤舒适而又亲切，古老的意大利别墅别有雅致的田园风情，长期使用的陶瓷带着昔日温润的色泽？

“残缺之美”崇尚天然去雕饰、原生态、独一无二、不完美的东西。它的影响力来自日本人的居所，没有任何华丽闪耀之处，一切都裹上了岁月的包浆。在日本人的眼中，当一个银色的茶壶变成“紫色”（对外行人而言是氧化）的时候，当平底锅成了炭黑色时，当茶杯有冰裂纹，还结着茶垢时，当锡器罐子闪着黑灰色的光泽时，这才是真正的美。

想让铸铁锅有包浆，就要把它刷洗干净，然后在火上烘干。对于茶壶，就要用一小块布蘸着剩下的茶来擦拭。要懂得如何选择未经处理的木材：它会随着时间的推移而变得更美，也会通过水洗（或用茶洗）而形成岁月的光泽。

茶道：灵感之源

如果没有经过折叠，或者在疏忽大意、心不在焉的时候，绝不要把抹布放在水槽里。

——摘自我的寺院日记

茶道艺术，是一种专注力的文化，由简单而完美的手势完成，所针对的对象本身都是最基础的，但在精巧度上无懈可击。细致与谦恭完美地融合在一起，令人陶醉。

在日本还有一种类似于茶道的仪式，虽然不够有名，但对于学习秩序和整洁，学习欣赏日常生活来说可能更有用，那就是抹茶仪式。

我们在练习这个仪式时，有一个盒子，里面装着一个小茶壶，几个茶杯和茶碟、几颗糖果，还有一个狭长的托盘、一个热水瓶和一大块铺在地板上的布。大师开始摆放茶具等，从头至尾，他都没有挪动过。一切都经过了精密计算、深思熟虑，仪式过程犹如动作细腻优雅的芭蕾。大师在仪式过程中使用了两块小抹布：一块用于与茶或嘴唇接触不到的东西（托盘、碟子、茶壶下部等），另一块则用来擦拭茶杯和茶壶顶部。我学会了如何用抹布分四次擦拭托盘：在托盘上部从左到右，再从上到下，然后在托盘的左面部分，从上到下，最后从左到右。我还练习过擦杯子，首先擦拭底座，然后转动底座，使水落下，然后用一只手握住抹布擦拭内部。没有一个动作是徒劳的，每个动作都有其道理。我现在依然用这种方式擦杯子，而其时总是欣然回忆起茶道仪式的艺术规则。

日本的毛巾崇拜

今天早上给大家发的毛巾上写着："一輪の花のごとく わが生よ"，意思是应该像花一样生活，一心绽放。

——摘自我的寺院日记

除了在莲座上打禅，曹洞宗里最常见的修行就是打扫卫生。毋庸置疑，打扫得无比严格！以抹布为例，每种抹布都有一个名字："洁物毛巾"用来打扫珍贵的物品（花瓶、香炉、小雕像等），"方巾"用来打扫地面以外其他地方的灰尘，"擦地毛巾"只用来打扫地板和楼梯（脚下接触的地方）。人们打扫时只使用水——水桶中的水量也很少。清洁结束时，把抹布上的灰尘在集尘箱中抖落，把用于清洁物体表面和地板的抹布绞干，把水桶里的水倒掉，浇在植物上，并把抹布像法器一样小心地放在水桶边缘，在壁橱里晾干过夜。

日本的毛巾几乎和这个国家所有产品一样，是按标准尺寸制作的。有两种主要类型：布手巾（长 60 厘米，宽 30 厘米）和方巾（30 厘米见方）。用于餐前餐后擦手的被称为"湿毛巾”。无论你身在何处，都可以使用这些小毛巾，并可用于多种用途。它们的尺寸便于折叠，能够随身携带或轻松存放。

布手巾的用途

· 清洗身体，然后把毛巾拧干（布手巾纤维很细，干起来很快）。如果你留着长发，就要另外配一条毛巾作为头巾。对于婴儿或娇嫩的皮肤也有纱布手巾可以使用。

· 擦额头、擦手。

· 将菜刀的刀刃放在湿的布手巾上，并在两次切菜间歇快速清洁两次。

· 用来铺满厨房橱柜和抽屉：玻璃杯不会损坏，并能保持干燥。

· 美发沙龙里用来擦干顾客的头发。每天，看见这些毛巾晾在门店前的架子上，让人心生愉悦：这个国家的一切都太整洁了！

· 在家务中保护头发。

· 用作熨烫衣物的湿布。

· 头发喷发胶时保护衣服。

·作为价廉物美的礼品。有些印有旅游景点的图像，比如温泉等，许多日本女性都热衷于收集！

方巾的用途

·下雨天可以擦干衣服——日本人总会在自己的包里放一块方巾（手帕的功能是不同的，只用来擦脸，这倒不是怪癖，仅仅是由于卫生习惯有差异）。

·裹住一瓶冰镇的矿泉水。

·擦拭碗碟。

·餐前和餐后清洁餐桌。

·擦拭潮湿阳台上出现的猫爪印。

·遮盖电饭煲、咖啡机，或者将杯子、茶壶和壶盖放在托盘上遮盖住。

·放在豆腐上吸水（方巾可以替代吸水纸巾）。

·夏天可以带来凉爽（方巾打湿并装满冰块，然后倒入塑料袋中，装进包里……）。

这些毛巾是真正带来卫生、方便、舒适的宝藏。它们还有许多其他功能，不胜枚举。它们通常是白色的（日本和其他很多地方一样，认为白色是清洁纯净的象征），易于清洗（比我们巨大的浴巾需要更少的水和洗衣液）。蜂窝格毛巾因为非常细腻，具有舒适和易于护理的特点，最容易使用。

织物护理流程

· 确定每周的常规安排。例如两口之家，周一和周四清洗衣物（大家庭则需要更加频繁的洗护）。

· 尽可能购买不需要熨烫的衣服。

· 如果可能，在衣柜附近设置洗衣间。

· 在洗衣篮旁边，另外放置一个袋子，用于摆放需要熨烫的衣物。还要确定熨烫的常规程序：安排固定的一天送去熨烫，另外一天去取回。

· 为精致衣物准备机洗专用的网袋。你需要做的就是把这个袋子放进洗衣机里清洗，而不必进行分类。

· 晚上睡前至少一小时匀出时间，以便精力充沛地整理脏衣服。你也可以借此机会准备第二天要穿的衣服。

· 准备一个架子用来摆放需要修补的衣服。

·每张床只配备两套床上用品，其中一套放在床底的盒子或抽屉里。

·每人有两套浴巾就足够了。

·教育孩子自己穿衣服，从 12 岁开始，他们就应该了解洗衣程序（把脏衣服放进脏衣篮，自己决定穿什么等）。

·在你脱衣服的位置设置一个收纳区，在那里你可以存放硬币、小物品、首饰等。

·如果你不想在床上折叠衣服，请在叠衣物的位置附近放置一张小桌子（或一块嵌在墙上的搁板）。

·购买不起皱的衬衫，就不需要再熨烫。

12　加深与物件的羁绊

物件对我们日常生活的影响

要知道锅具与自己息息相关……要把所有的器皿当作自己的眼睛。

——道元禅师[1]

物件服务于我们，作为回报，我们也服务于它们。我们做清洁工作，并不是仅仅为了清洁。这也是我们与环境保持联系、尊重环境、展现美好环境及其精神维度的一种方式，通过这些与我们有关联的物件，净化我们的精神世界。清洁工作也是善待和尊重这些物件。

---

① 道元禅师（1200—1253），日本佛教曹洞宗创始人，也是日本佛教史上最富哲理的思想家，著有《正法眼藏》《永平清规》《学道用心集》《永平广录》《随闻记》等。

我们与这些物件相关联的部分到底会发生什么？它们又给我们的存在带来了什么？当我们对一个物件投以关注和照料的时候，我们的生活就会获得更多的意义。我们与每个物件都保持着羁绊。你有没有想过你与它们有着怎样的关联？你又为什么选择并喜爱它们？

道元禅师将自己置于众生万物的同等位置。在禅宗世界，任何人、任何事都具有同样的重要性。禅宗建议任何东西都不能被粗暴对待，不要认为一块砧板用旧了，有磨损，就偏爱其他精巧的东西。每个物件都有自己的价值，因为它能发挥作用。重要的是使用者的态度，使用者对它的尊重和感激程度，赋予了它价值。

在禅寺中，法师偷偷观察他的弟子如何处理物件。他可以解读他们的想法。他教导弟子面对各种事物要优雅行动，知道如何生活，如何存在。关心这些物件就是意识到我们享受着丰富充盈，是为我们有幸获取这一切而心存感激。当我们照料所拥有的东西时，这是一个宁静的时刻，给生活带来尊严。这是存在于世界的一种方式。

仅仅拥有美丽的东西并不一定能让生活变得优雅。优雅在于我们与世界不同方面的联系，无论是物质的、人际关系的还是精神的。在日本，文化和日常用品密切相关。日常用品影响了人们看待日常生活的方式。不要粗糙地处理任何物件。不要粗暴对待没有市场价值的东西。所有东西都应该被恰当地使用，得到悉心对待，也就是说要充满爱和诚意。

重新赋予物件价值

> 我很少看到有人能比日本人更熟练掌握自己的工具。他们把这些工具完全融入自己的生活中。精通某件事的人（工匠）已经达到了一种境界。人们可以充分信任他们，他们是诚恳敬业的。举手投足之间，精确的姿势就可以实现效能最大化、阻力最小化。
>
> ——弗朗索瓦丝·莫蕾尚（Françoise Moréchand）[①]

对于弗朗索瓦丝·莫蕾尚来说，日本是一个沉默的国家，

① 弗朗索瓦丝·莫蕾尚，1936年出生于法国，长期在日本生活，日本电视明星、时尚专家、作家。

通过建筑和物件，比起通过居民，更容易让人理解这个国家。在日本文化中，物件的重要性折射出对美好事物以及认真工作的热爱。通常日本的东西不是很笨重（日本人对小型化特别热衷），具有空间优势。它们影响着人们看待日常生活的方式。

有些东西之所以被视为完美，是因为它们的设计与自然法则相协调，与使用方法相适应。它们从材质到形式，各方面都很完美，符合人体工程学，简洁大方，性能卓越，让人非常着迷。家务中使用的物品就像是相关动作的标志，是这些物品引导了行动的推进。大家不会注意到它们，但它们与我们的每个行动密切相关。

受人喜爱和尊重的物品

一般来说，家具会不经意间透露主人的身份。这并不意味着我赞成一个人必须拥有极具价值的物品。特别是那些出于保护借口留下的丑陋之物，或仅仅出于猎奇，而在物品上画蛇添足，增加奇形怪状、格格不入的装饰。我们需要寻找的是旧式的风格，但也要尺寸和价格适中，制作精良。

——吉田兼好《徒然草》

我们可以通过所拥有的物品来净化我们的精神。每个物体都应该作为我们身体的一部分来运行。要回归永恒的美好，便要回归传统的物品。要学会信任那些东西，并理解它们在日常生活中的重要性。

注重一个物体的质量和坚固，强调它的制作完美无缺，几乎可以永久保存下去，所有这些无不反映出一种思想体系，标志着我们看待世界的方法。要真正欣赏你所拥有的，就必须有耐心，缓慢而细致地关注我们所持有之物。在过去的社会，物品是连续性和稳定性的载体。保养好你家中古老的地板和楼梯，而不是用合成材料的地毯覆盖起来。不要去除一堵旧石墙上的苔藓，它们才是所有魅力的来源。培养真实的、有生命力的、不断变化的东西。要接受这样一个事实：你和自己的物品同时发生着变化，没有什么是恒久不变的，但也没有什么永远不会终结。我们正是由此迈向幸福成熟，可以在真实的、不加修饰的存在中找到清新和雅致。让完美的物品包围自己，例如一把手工制作的木躺椅，做工精致、造型简洁、功能齐全，带有精美舒适的弧形靠背。保养好椅子，让它形成色彩温暖丰富的包浆。这样的物品会让你更热爱家务，更热爱照料自己的内心。当你触摸心爱之物时，会有不一样的感觉。对物品的热爱推动着我们在家务劳动中超越自我，就像爱情推动我们在家庭事务中超越自我一样。

理想物品的哲学：审美精神

> 我想学习越来越多的东西，发现必要事物的美好之处，并且成为能让事物变得美好的人。
>
> ——尼采

让平凡但不残次、便宜但不易坏的物品环绕自己。那些豪华的奢侈品，或是为赚取利润大规模生产的物品，你都应该不惜一切代价远离。回归自然、安全、简单的环境。日本艺术家柳宗悦强调，展现日常用品的美好及其精神层面的价值是极其重要的。每件器具都必须符合人体工程学，并拥有审美价值。这些物品不仅可以美化日常生活，还可以使生活更轻松、更舒适，也更顺畅。不要过分关注那些金玉其外、败絮其中的物品。

保养好你所拥有之物

> 必须承认，房子总是有点儿类似于人们给了你一艘游艇、一艘汽船。房子的管理，这是一项浩大的工程。
>
> ——玛格丽特·杜拉斯《物质生活》

要打磨刀具，让应该发光的东西闪耀其芒，让应该有包浆的东西呈现自然光泽。失去打理家务、保养物品的兴趣，这是懒惰和自私的标志——仿佛一个人试图远离一切事物。

相反，让所有这些小物体围绕着我们，每件东西各得其所，没有刻意为之，自然而然地相邻摆放，会给家庭带来温暖与和谐。照料好你所拥有的东西，关爱它们，就能在健康与舒适，以及秩序与想象之间找到一个恰当的平衡点。每件被拥有的物品都应该有一位看护者。

此外，正确保养和清洁这些物品可以确保节省成本，因为未经保养的物品容易损坏，而任何损坏的东西都必须更换。预见力和规律性是妥善保养房屋的必要条件。不要只凭借心血来潮的冲动来打理你的物品。因为你的舒适感正是由它们决定的。

13 家务是女性专属任务吗？

即便对某些家庭来说是例外，本章节一开始依然要这样表述：大多数家务是由女性承担的，甚至在夫妻分担家务的情况下也是如此。根据2009年发布的一项益普索调查表明，男性参与的家务活动减少为三项“重任”：购物（67%的被调查者声称对此没有抱怨）、倒垃圾（74%）和做饭（56%）。这项调查针对四个欧洲国家（法国、英国、意大利和西班牙）约2000名有伴侣的人士，大多数接受调查的男性承认厌恶或拒绝熨烫（73%）、打扫厕所（67%）、将衣物分类和洗涤（61%）、更换寝具（61%）、擦洗地板（59%）。

家务劳动长期以来被贬低，因为它被认为是女性从事的劳动。知道如何打理房子、洗衣、熨烫被认为是微不足道的，直到有一天，越来越多的女性在外面工作，她们不得不将这些任务委托给别人。然而，许多日常劳动仍然是妇女的责任。为了防止家务被视为一项苦差事，减轻家务的负担，有必要制定一些规则。

让整个家庭参与进来

如今，用常规时间做家务还远远不够。太多其他活动占用了我们的时间。因此，为了保持房屋整洁，你必须让居住在同一屋檐下的家人养成习惯，并要求他们尊重某些规则：把餐具上的食物残渣清理掉之后，再放入水槽或洗碗机；在使用过浴室后立即清洗；将袜子放在指定位置，再放入洗衣篮中。如果你仍然发现某件待洗衣服是翻过来的，那就照这样清洗晾干后，直接如此还给衣服的主人。这个人会很快理解其中的意图。

对于孩子们来说，为了避免他们弄脏房子，得向他们表明，房子不能靠魔法自动清洁。时不时给他们布置一些任务，他们将学习到做家务的美德，并理解为什么要注意不能弄脏东西。此外，他们也会很乐意发现自己是有用的。但我们必须即刻开始这种训练。例如，该领域有位顾问建议，给小孩一包婴儿湿巾（无毒），让他们清洁桌子或墙壁。年龄较大的儿童则可以拿到防尘布或扫帚，以便打扫地板上的面包屑。不必苛求他们做到尽善尽美，只需要对家务有一点关注即可，也要鼓励他们不必要求太高，这种气氛应该是相当融洽的。

家务一族

> 家务一族仍然是未知事物。
>
> ——让－克洛德·考夫曼《工作的核心》

家务劳动的分配是婚姻纠纷的首要原因，甚至排在钱财之前。尽管男性多年来一直在努力参与家务（因为许多女性有自己的职业），但统计数据仍然显示，女性的家务工作时长是男性的三倍。沮丧、愤怒、争执……我们徒劳无功，似乎没有什么能改变这些先生。这是为什么呢？

男性在想什么？

> 男人是制造脏乱的罪魁祸首。相信他们是故意这样做的。他们的鞋一定是配备了特殊的鞋底“污垢”。

他们的嘴里和手上，总有东西落下来，弄脏白色的瓷砖，食物从盘子送到嘴边，一定会掉落，实在是又可气又好笑。在厕所里，总会洒上一堆污渍，希望所有东西都腐烂。还一副满不在乎的样子。浴室变成了一个游泳池，毛巾团成一个球，水龙头从来不关，到处都是毛发。居然还声称，他们和我们看到的东西不一样。即使是那些偶尔做饭的好男人也会留下“真正的工地”。即使是那些偶然晾晒衣服的好男人也做得很糟糕，让这件事变成了重复劳动，晾得皱巴巴还得重新熨烫。即使是那些提出做吸尘工作的男人也不知道要怎么做，搞得到处乱七八糟。我明白了，他们看到的东西和我们不一样，他们看不清楚什么时候是干净的，什么时候是脏的。我告诉自己，这真是男性的特殊之处。

——一位网友

在迈克尔·古里安（Michael Gurian）的畅销书《他会思考什么》中，作为男性，作者试图了解两性之间本性的基本差异，与此同时，文化带来的差异只有轻微影响。他试图分析一个人的大脑是如何工作的。他回忆说，男性大脑已经发展了数百万年，遵循的是向狩猎和建筑发展的趋势。数百万年来，他们一直在户外狩猎，然后发明机器。男性的右脑比女性更发达，这解释了为什么男性更具备空间定位能力，在力学、测量、领导、抽象事物、物理对象操作等方面有更强的意识。对他们来说，家只是一个让人感到安全的地方，在那里他们可以恢复精力，找到自己的坐标，然后重新出去寻求新的征服。他们会对巨大的、移动的东西更感兴趣。在生理上，他们不关心细节，不会像女性一样关注材质、颜色。男性会对此视若无睹。对他们来说，一尘不染的房子并不是一座值得为之战斗的奖杯；他们喜欢野营，希望看到自己的房子如同帐篷一般。对他们而言，理想的目标是像游牧民一样生活或不断前进。既然如此，为什么还要把衣服折叠起来放好呢？把它放在洗衣篮里是一样的！男人只把“陋室”当作一个方便的地方。他们仿佛带着“行李箱”生活，因为那是他们所熟悉的，也会给他们一种自由感。他们觉得凌乱的地方让人很愉快！每个男人的梦想都是冒险、尝试、发现、自由。他们走得越远，就感觉越好，所以他们会对汽车特别热衷。这似乎有点草率和讽刺，但是正如提出这个问题的专家所言，这基于男性和女性大脑的真实差异。

打理房子并非出自男人本性

> 女性的基本愿望仍然是守护并打理好家庭。如果在社会意义上说，女性所做的事情已经有所改变，但她在做出改变之外，依然会执行这些任务。而反观男性，他们改变了吗？几乎没有。
>
> ——玛格丽特·杜拉斯《物质生活》

男性讨厌打理房间。比如说，他很讨厌有人强迫他整理！女性希望男性对家居投入更多精力，这样会更有安全感。但对于男性来说，照看房子并不自然。做那些被认为是女性化的事情（洗衣服、打扫厕所等），对男性来说是痛苦的；让女性去保养汽车也是一样。不过，女性常常认为，如果男性忠于自己的家，就会对她也十分忠诚。

这并不是说男性无法做清洁工作。当人们登上一艘船，就会对那里的秩序和清洁感到惊讶：闪闪发光的黄铜，每天用水冲洗的甲板……清洁的方式有时比女性还要细致。但这是男性的骄傲（轮船、汽车、摩托车等）。所有这一切都属于男性世界——外部、掌控、征服、战斗。

玛丽·弗雷诺－拉罗什（Marie Freneau-Laroche）在《触摸存在》一书中解释说，男人通常只会亲自参与那些能使他更加高尚，或者他可以使之更高贵的工作。如果他的领地通常是为女性保留的，那么他的社会地位就会很高（主厨、裁缝等）。他将永远是创新者（设计、开发）、保护者（管理、领导、指挥），也是创造者（示范、塑造等）。

女性的触觉则更多来自具体事务，来自感性。这是一种优雅的触觉（女性用温柔包裹着周围的一切），她们是修复者（她们安慰、支持、复原），与之相关联的快乐往往比男性的更贴近、更直接、更自由。

夫妻间的家务问题

尘土堆积，枯叶飘落亭中。

佳人无踪迹。杂乱残落的书页里，

我孤独睡去。

——永井荷风《雨潇潇》

过去，还没有出现这个问题。夫妻之间有明确的任务分工。把家务交给男性往往会引发困扰。隐蔽在丈夫身份背后的，是一位隐秘而坚定的、时刻警惕地守护规则的人。他从不接触扫帚或抹布，也不会负责家务劳动。对于他来说，寻找一位夫人，通常在不知不觉中就是在寻找一位家庭主妇！女人必须接受吗？这取决于她的选择。但女性知道男性不会改变，她必须接受这种情况，或改变生活，或调整精神状态。

调整家务观念

女性的劳动，从起床到睡觉，就像战争的日子一样艰难，比男性工作一天更糟糕，因为她必须根据别人的情况来安排日程。

——玛格丽特·杜拉斯《物质生活》

设定这样一条规则，会让夫妇间的家务问题变得更加容易：男人把工资交给妻子，用于家务劳动、儿童抚养，最后还要照顾父母。这样很多问题就都迎刃而解了。在日本，通常是由管理家庭预算的女性给男性一点儿“零用钱”。在日本，政府每月向照顾残疾人或鳏寡父母的家庭成员提供一笔款项。

与此同时，女性总是可以用她的大脑来减轻任务，利用她的内心来建立一个明智的机制，用最少的精力和时间，在家中最大限度地控制秩序、清洁和愉悦。这也是为了获得乐趣——这个秘密大多数男性难以得到，但这也是她的秘密。她能体会到，让别人需要她，而不是需要别人，通过各种手段寻求获得他们的尊重和认可，是一种莫大的快乐。

至于男性，有一天他们会明白，做家务是为了摆脱某种形式的幼稚、超越无所不能的母亲，成为一个成年人，他们也会因此迈出一大步。掌控居住的地方，维持亲密的关系，从小男孩的角色里走出来，这并不是一件女性化的事。少数男性甚至要求承担家务劳动，认为这是他们“生而为人的成就”。

解决方案？

解决夫妻之间家务问题的方法就是一起动手做。根据每个家庭的能力和兴趣，将苦差事转化为同心协力的工作，前期（观察、了解现场状况）、行动（清洁、冲洗、清洗、擦拭等），最后看到一个洁净、通风、充满芳香的房子，共同分享其中的喜悦，同时自由地接纳其他各种各样的小乐趣。事实上，有些男人像禅宗僧人一样，并不认为打扫卫生就是女性的专利。

第三章　家务与禅学

14　家务的玄学

打扫之于禅宗的价值

在阳光明媚的佛堂里诵读了一小时经文。在这个神圣的时刻，在远离世界的平静美好中，瑰丽的日出，折射在这些宁静的面孔上，在黑色的和服、洁白无瑕的衣领衬托下愈发清晰。

——摘自我的寺院日记

在西方，有些人认为禅宗是一种宗教，还有些人则认为这是一种哲学或疗法。其主要目标是学习如何释放自己的思想。任何一个人，如果某天有机会进入禅寺，一定都会对那里的安宁静谧、井井有条和洁净无瑕印象深刻。

禅宗文学中遍布着对家务的论述，还能看到各种各样的故事，比如方丈、僧尼、俗家弟子花时间清扫、擦亮和修理各种东西，他们也同样关心一日三餐和衣物护理。在曹洞宗中，人们除了需要禅坐、研究佛教经文之外，每天还要做三四小时的清洁工作。

对于群人而言，清洁工作是体现禅宗精神的最重要的修行活动，能使自己摆脱一切贪恋和所有苦难。清洁工作以最直观的方式向人们传授了这些秘诀，因为其中蕴含了很多美德。

使物质生活变得“流畅”

以优雅的方式步行，不要拖着脚。

不要让任何东西拖在地上。

不要有自私的想法。

不要生气。

所有行动都要有条不紊。

——西村惠信《禅寺生活日志》

各种铁的纪律，重重秩序规则和机械动作，我在寺庙的上级解释说，经过这样的训练，即使在监狱也能很容易生活。但在这种明显的僵化背后，隐藏着一种智力和精神活动、一种不可思议的内在自由。这个看似僵化的系统只是为了给物质生活的运作“上油”，使内在的生活能够以自由和超然的方式蓬勃发展。在一个纯粹生活化的宇宙之上，叠合另一个纯粹精神化的宇宙。

能够让居室保持洁净是相当不寻常的，这是一种能量、一种意志力，当我们最需要的时候可以汲取力量。这种力量可能是我们常常缺乏的。

重视细节

生活到了极致，即是美。技术越发展，我们的物质舒适度就越高，而我们的精神世界就越空虚。

——道元禅师

8 世纪时，百丈禅师是第一个传授细节之美德的人。他不想培养空想的哲学家，或是想要逃避现实的弟子。他告诉他们要清洁居室，也就是要关注瞬息即逝的内在之物，即始终关注细节。这构成了生活的基础，因为正是细节构建了所有事物。他教导自己的弟子一丝不苟、全心全意做任何事的艺术。

禅宗对日本文化产生了极大的影响，它提倡认真工作、持之以恒、精益求精。有一句谚语说，汗水和灵感至少是同等重要的。一项任务必须坚持完成，并不懈地重复，以便真正了解真实的自我。真正的知识，建立在塑造身体和个体的实践基础之上，而不是堆砌概念的学术结构之上。

焕然一新开启新的一天

你可以阅读更多关于这些方法的书籍，但如果没有实践，你不会知道任何事情。这就是大师的教导。

你必须切实地体验这种方法。

——约翰斯顿（W. Johnston）

禅宗中，打扫卫生的目的不仅仅是达到现实中的某种洁净，如除尘、清扫、刷洗、清洗，还能帮助你清除头脑中的繁杂、愤怒、欲望和怯懦，使你每天都能启动新任务。在日本，孩子在学校打扫，职员在办公室打扫，退休人员在社区打扫。如果没有这种仪式，他们就无法开始新的一天。日本有一个成语“门前小僧”，就是形容某人想要成为一门学科或手艺的弟子，字面意思是“僧人连续三年打扫寺庙门口，以示自己渴望得到接纳的心愿”。即便在今天，弟子在上课前也要在师父那里做家务（洗衣、扫地、做饭等）。所以他们参加的第一阶段训练，就是摆脱自我，这样才能更好地吸收所学内容。不久前，一群日本人在巴黎打扫埃菲尔铁塔前的广场，让人非常讶异。很少有巴黎人能理解他们传递的信息，如果每个人都在不计得失、不求回报的情况下关心他人，世界就会多一分和平。忘记怨恨、嫉妒、愤怒、不满是困难的，但个人的无私付出，“清理”好个人的情绪，却是重新发现新鲜和美好的最佳方式。

这样做的话，就能确保永远不会空虚或贫穷。给予使人富有，能治愈人心。请为你的一位朋友，或一位家庭成员打扫卫生。有机会为他人做点什么，那是一份馈赠、一种优待。不要担心别人无法回报你，看看你能为他们做些什么。当我们把自己希望得到的关怀给予他人的时候，我们就打开了迎接别人心意的大门。在日常生活中，总有一些这样的事情可以做。

节省感受

少了快乐，精神会隐匿于自己的幸福中。

——伊莎贝尔·科尔盖特（Isabel Colegate）①

《旷野中的鹈鹕》

强烈的情感是罕见的，而指引我们平凡生活的感觉往往是通向平静的障碍。由于这些感觉将信息从肢体传递给大脑，人们无法将其分开，就像一个人无法将身体与思想分开一样。因此，跟着感觉工作，就是通过思考工作。训练自己在做清洁工

① 伊莎贝尔·科尔盖特，出生于1931年，英国作家和文学经纪人。

作时不带任何感觉，就是训练自己超越普通的思想。就是只沉浸于当下必需之物中，只沉浸于此刻的完美之中。它是为了在感官的智慧中寻求安宁。问题越接近我们的个人世界，就越难以解决。所有触及个人生活的东西都不能过分地受到批判性反思的质疑，你必须不假思索地做出判断，这是一门艺术。身体的智慧是这门艺术的核心。所谓智慧，也意味着要接受：当面对生活必需品时，我们无法逃避。理解了这一点，就摆脱了幻觉的沉重负担——相信可以在生活中做任何想做的事情的幻觉。

自给自足

要求弟子做各种家务，比如砍柴、园艺、准备食物、每天彻底清洁庙宇和花园等，那其实是为了嘲笑所有教义，向他们表明教义并不能使他们在最简单的情况下更有能力应对。在禅宗中，我们学会了以“边缘的手段”生活。如果精神保持清醒，就有可能在没有任何人帮助的情况下生活（吃饭、睡觉等）。在《自我的疲惫》一书中，阿兰·埃伦伯格（Alain Ehrenberg）解释说，在现代社会，我们变得如此自由，不再知道如何做好自己。通过让别人代办一切事情（在餐馆吃饭，让医生来治疗感冒……），我们越来越多地把生活委托给别人照顾。但在这样做的同时，我们的生活也不再依赖我们。

优雅生活

如今，知道自己是谁，确保自己的需求，知道自给自足的快乐，不依赖任何人或任何东西，就是从别人看不到的角度来看待事情。这种态度带来了安全、幸福和宁静，并使人们能够平静地应对日常生活中的危险。于是我们知道可以优雅地生活，而不期待任何回报。做家务意味着自主，与自己的现实相连接，过自己的生活，生产能量，创造能量。这不是在等待别人帮助我们，而是对自己的生命负责，不做旁观者。就是要认识到，我们遇到的困难往往只来自我们自身。要想成为真正的自我，就必须是自主的，不再把自己当成环境的受害者。禅宗一直强调自主、个人寻求的重要性。家务是思考生命意义、“把钟摆重新校准”、再次抓住命运缰绳的一种方式。

寻回赤子之心

忘掉自己，就是被万物照亮。

——道元禅师

禅宗之所以如此坚持清洁，是因为它首先带来了心灵和精神的轻盈。换句话说，“清洁的地方，自由的精神”。也是禅宗教会了一个被禁忌控制的古老社会，如何遗忘过去、焕然一新、放松行动。打扫自己的房子，也是在清洁自己的心灵和精神，我们于是变得更加灵活、清醒和自信，充满了新奇和惊叹——这是孩子独有的品质，但这与幼稚的态度毫无关系。在适应和经历痛苦之前，怀着一颗赤子之心生活是我们最初的状况。

在禅宗的修行中，我们生活的房间整洁与否自然会影响我们的精神。这也反映在正在发生的事情上，并在我们身上表现出来。我们越早学会清理自己的空间，移除不再需要的东西，我们的心灵就能越早敞开，体验新鲜事物。与其分析心理状态，还不如学会清洁地板，一直到把地面擦得锃亮为止。

重新与传统联结

禅宗的方法就是去除镜子上的灰尘，然后清晰立现。

——弘忍法师

禅堂总是得到精心的维护，因而洁净无瑕。在许多禅堂中，清洁工作要求弟子用湿布擦拭地板，清理寺庙内的每寸地面。这不是普通的家务，而是一种精确、静默、对居所充满感激的训练。如果弟子全神贯注于抹布与地板，他与禅堂便融为了一体。通过这种清洁方式，可以完成许多事情，也获得了对自己身处之所的归属感。

今天，我们比以往任何时候都更需要得到指引，以便重新找到一种生活方式，连接已被遗忘的传统愿望。往往卑微的人拥有整洁的内饰，这恐怕并非巧合。位于印度郊区数百平方公里的贫民窟内部是世界上最干净、最有序的地方之一。妇女们每天早上都清洗衣服，从家里的狭小空间驱走每丝灰尘。所有东西都很重要，没有什么是被浪费、弄脏或滥用的。他们有幸占据的这几平方米就是他们的生存力量。

15　家务，心灵的修行

自我反省，停止思考

我们可能都曾在街上遇到疯狂的人不停地自言自语。但我们和他们并没有很大的区别，只不过我们说话声音很低。这个声音会发表评论、推测、判断、比较、抱怨、喜欢、厌恶等。于是，我们生活在一种永久的折磨中，流失了生命的能量。但我们可以改变，解放自己的思想。首先，必须从“倾听”自己的想法开始，感受到另一个倾听这些声音的“我”的存在。渐渐地，另一个“我”会变得更有存在感。他会毫不犹豫地观察，但时刻保持警觉，这就是冥想的本质。做家务正是进行训练的最佳时机，置身一个干净的地方，所带来的平和状态会增加一倍。

在运动中进行家务或冥想

> 当法师充满能量给禅堂地板打蜡的时候，那是何等快乐！法师全身心地投入这项琐碎的任务，紧随其后还有大量抛光工作，没有人能像他一样轻松地完成任务。他的动作充满了从容和自然。为什么打蜡的行为如此重要?
>
> ——加里·索普《微物之禅》

禅宗认为，在体力劳动过程中进行动态的冥想，比静态姿势的禅坐更有价值。在打扫居室时冥想，可以避免任何坐姿所带来的精神折磨。人们经常讲述伟大僧人香严法师的故事，当他在黑暗中清理花园时，曾有一段公案（公案是指禅宗前辈祖师的言行范例）。当时他的扫帚碰到了一块小石头，石头撞到竹子上发出了响声。传说，正是在这个时刻，他获得了真实自我的幡然醒悟。[①]

---

① 香严击竹事见宋代普济所编《五灯会元》卷九："一日芟除草木，偶抛瓦砾，击竹有声，忽然省悟。"

人们完全可以把半小时的家务劳动变成冥想课程，让精神得以释放。当一个念头出现，就会牵动千般思绪。但与之斗争是没用的，不如就任它来去，不要试图抓住它。渐渐地，你就能控制住那些想要追求的思想，同时摒弃其他想法。

一往无前，每次只做一件事

我汲取的水中，
闪烁初春时节。

——前田林外

当人们全身心投入自己的任务，就只会做一个任务，一往无前。甚至有可能这个活动不再需要花费努力。我们投入行动，于是向前推进。这是一种超越以往经验的认识。在东方传统中，对生命中每个时刻、每个行为的无限价值的评论比比皆是。我们能够应对未来的唯一方法就是彻底投入，完成我们所有的活动。谨慎对待这种情况，而不是报以冷漠或敌意，要关注普通情况，而不仅仅是我们认为重要的事情。

谁不曾有过在做某件事的时候，注意力在别的事情上，想法似乎从脑海里跳了出来？直到那时，我们才意识到，我们在自己决定要完成的事情上并不是完全自由的。禅宗教我们接近生活的每个时刻，仿佛它是最重要的。存在是为了让自己的身体和灵魂处于一种状态，而不是被未来的诱惑或过去的经历分散了思想。每个行动都有助于将心思集中在当前的现实上。当你打扫房间的时候，利用机会，专注于你所做的事情，而不去想其他事情。不要被自己的想法冲昏头脑，不要停止回归自己。重复的扫地动作可以促成这种回归。简简单单地做事，没有噪声，没有预先设定的计划，没有特定的目标，只是扫地，竭尽所能，不问任何问题。集中思想一直是活力的源泉，我们感觉得到了“凝神”，这种方法可以让你增强注意力。

如何扫地透露你的性格

当赵州禅师打扫寺院的一个房间时，一位弟子问他：“您是禅宗大师，没有邪恶思想的尘埃。为什么还要如此积极地打扫呢？”大师毫不犹豫地回答说：“灰尘是从外面来的。”[①]

扫地的动作可以非常优雅，仿佛一段编舞——它代表了我们触觉的一种延伸。人们扫地的方式，以及他们参与这项活动的原因能透露他们的个性。动作是开阔大方，还是短促而抑制？这个人只打扫家具周边，还是寻找最偏远的角落？他是把全部注意力放在扫帚上，还是让自己的思绪徘徊？奇怪的是，清扫可以发现头脑中隐藏的领域。我们是否耐心细致？我们做家务时是骄傲还是谦逊？

随着扫帚的使用，它获得了越来越多的个性。如果你想知道僧人是怎样的，看看他的扫帚：两侧是不是都用旧了，还是只有一侧有痕迹？如果这个僧人平时扫地先是从右到左，然后从左到右，那他的扫帚两侧都会经常使用。你会知道他是如何冥想的。如果他的扫帚只有一侧用旧，那么这个僧人可能只是在机械打扫。他并没有专注于自己的任务。

我们的专注力，是自我的象征。这是我们最宝贵的能力。我

---

① 赵州扫地事见《五灯会元》卷四：“扫地次，僧问：‘和尚是大善知识，为什么扫地？’师曰：‘尘从外来。’”赵州禅师（778—897），幼年出家，法号从谂，为六祖惠能的第四代传人。行脚至赵州，受信众敦请驻锡观音院，弘法传禅达40年，人称“赵州古佛”。

们通过阻止思维游移，可以摆脱分心和混乱。思想不会因分散而无法倾听，而是会变得活跃而充满能量。然后，它可以通达内在的静默，达到更高的意识水平。印度圣哲帕坦伽利在《瑜伽经》（约公元前 300 年）中写道，停止思想的浪潮意味着解放。

理想的做法是继续扎根于日常生活，因为只有在日常生活中，才能找到活力和丰富性，而不会被抽象的思想撕裂。

专注于一件事

> 禅就是在地板上捡起一件外套，把它挂在原来的地方。
>
> ——一位伟大的禅师

反思，无非是一连串的思想。但是，我们可以将其带到一个特定的主题，而不是任其向各个方向运行，从而发现其本质。法国思想家蒙田说：冥想对于任何知道如何审视自己的思想并积极加以运用的人来说，都是一种丰富而有力的方法。那些伟大的人、“为思考而生”的人，甚至将冥想当作自己的使命。如果说冥想有可能使人们的思维习惯免除自动化，那么专注力就避免了思想的千百次自动重复。我们逐一检查这些思想，学会权衡，而不是将其视为理所当然，要去寻找替代方案，产生新的收获，并没有自动思考的余地。人们意识到，思想蕴含着自由的本质。正是思想，也只有思想，让我们得以创造新天地，产生新现实，想象无极限。

与行动合而为一

唯有当下存在。“现在”是不断刷新，永远无止境的。

——埃克哈特大师（Meister Eckhart）[①]

当所有的精神能量都集中在一项任务上时，就没有情绪或思想的空间了。我们就如同被施了魔法，与行动合为一体，被

① 埃克哈特（1260—1327），中世纪哲学家，德国新教、浪漫主义、唯心主义、存在主义的先驱，也是“密契主义”的代表人物，1275 年加入多明我会。代表作有《专论》《讲道集》《神的安慰》《崇高的人》《超脱》等。

完全支配。我们不再怀疑自己行为的合理性。

在日常生活中，负面的思想和忧虑往往会侵入意识。但是大多数家务劳动并没有很高的要求，因此集中注意力，也不足以控制侵入性思想，控制焦虑感。但是，如果你设法专注于一项任务，就有片刻忘记思考。然后就会产生一种宁静的、充满力量的感觉——一种全然的幸福感。当一个人忘记自我的时候，他就会拓展自己存在的界限。当一个人把所有的精神能量都投入交流中去——无论是音乐，还是家务的交流——他都扩大了自己的边界。当注意力集中时，他可能会出神，直到忘记自己。于是，他就能做到非常困难的事情——忘我。

16 除却自我

家务，是弱化自我的禅修

当人们生活在日本时，会意识到“我”这个词在西方文化里是一种永恒的存在，它是一切的中心。而在日本，情况则正好相反。即使在日常用语中，人们也会犹豫是否要使用这个代名词。“我”几乎成了一个禁忌词。当日本人谈论到某人很有性格时，说他个人主义和自我中心，这可不算礼貌。

在这个国家，“我”的表现永远是隐秘的、模糊的、规避的。“我”与其说是一个身份，不如说是指一个躯壳。它很少直接出现，从不表达出来，也不会向其他人投射。日语中“我”有三十种说法，但这个字本身很少在句子里使用。

使用“我”，是认为生活就是被有意识感知，被理智所理解，被拥有的自我（他进行比较，产生羡慕、嫉妒，从根本上是不快乐的）。“自己”则与之相反，它允许内心生活的存在，能够进入更广泛的事物。“我”的意识让我们优先考虑“自己”的小我，考虑“自己”想要发光、想要出现、想要成名的欲望。这是“我”中最不光彩的部分，通常也是我们感到痛苦的主要原因。

禅宗帮助那些渴望摆脱笨拙自我的人，让他们忘记自己的“我”。它为我们西方人提供了一种神奇的修炼——家务。如果“我”的感觉太重要，不能做家务这类琐碎的任务，那么就很有必要进行数小时清洁、打扫和抛光。禅宗的目的是使“我”弱化，使之摧毁。这种态度就和西方人的思维方式截然不同，后者认为必须与“我”和谐共处。我们西方人能否想象：一个好端端的主教在打扫他的大教堂广场？

摆脱“我”以达到“自我”

> 了解自己就是忘记自己。
>
> 忘记自己就是对所有事情敞开。
>
> ——道元禅师

就是要剥离小“我”，使“自己”发光。但是，在非人格化的意义上放弃“我”，并不意味着一个人必须放弃性格。而是从内心深处认为发生在我们身上的一切与我们无关。通过抑制这种小我，我们不再感到焦虑、恐惧，不再感到情感或物质的匮乏。

那些仍然受“我”奴役的人，总是寻求成为最强者、第一人、赢家的机会，只是他们不快乐，会依赖于“自己”的欲望。他们表现得像是“我”的囚犯和奴隶。此外，茶道艺术首先是一种倾向于对“我”进行控制的苦行训练，摆脱萧伯纳所谓的“文明的躯壳”。

日常生活是我们内心的象征。禅宗建议我们改掉坏习惯，不要总是声称对“我”比较了解——那种阻碍我们获得内在力量的“我”，剥夺了“我”与“自己”的一致。通常是谦虚的人能够最好地了解“自己”。

尘埃与虚荣

“灰尘”在日语中称为“ほこり”（埃），而“ほこり（誇

り)”还可指代“附着”于我们的身外之物——尊严、头衔、社会地位等。在禅宗中，拂尘用以直指我们的本性。俗事缠身，怨恨、苦痛、烦恼和嫉妒充斥并累积，使我们逐渐感到迷失。而使用掸子，正可以让我们净化自身，将所有让我们背离本性的虚浮属性从我们的真实角色中排除出去。引用一位日本朋友的话说，就好比“摆脱俗务，重新找回我们本质的神圣品格”。

清洁卫生间

> 卫生间里的地垫和卫生纸，甚至比拥有捷豹跑车更能证明财富。它们厚厚的、光滑的、柔软的、闻起来香喷喷的。我们进入卫生间时，正回荡着莫扎特的音乐。
>
> ——妙莉叶·芭贝里(Muriel Barbery)[①]《刺猬的优雅》

---

① 妙莉叶·芭贝里，1969年生于摩洛哥，法国女作家、哲学教授。曾旅居日本、荷兰，以《刺猬的优雅》成为法国当代畅销书作家，另有作品《终极美味》《精灵的生活》等。

在禅宗修行中，清洁工作从清扫到除尘，再到清洁卫生间，不一而足。而最后一项任务往往是为修行中最高级别的弟子保留的。事实上，人们必须达到相当高水平的禅宗修行，才能理解生活中的一切都具有同样的重要性，无论是人还是事。在禅宗中，卫生间和祭坛一样重要，就像一个人并不比另一个人重要。清洁卫生间也有助于强化这种观念，即没有不干净的地方，正如佛祖所说，宇宙中没有一个地方不是神圣的，因为没有一个地方比另一个地方更好。在禅堂中的每时每刻，生活中的每个方面都必须以同样的方式对待。对于清洁卫生间而言，没有人是太糟糕的或太重要的。接受和理解这一点需要大量的训练和漫长的时间。

在禅宗中，梯子爬得越多，就越需要清洗。肉体的奴役丰富了精神美德。通过清洁厕所，弟子必须祈祷和许愿，使众生都能清除他们的杂念、欲望、愤怒和妄想。

即使在今天，孕妇仍会被告知，她们清洁厕所的次数越多，产下的婴儿就会越健康。电视里也经常能看到节目展示如何完美地清洁厕所，以获得快乐充实的生活。没有人觉得这种说法很奇怪，而洁净至极的厕所恰是一个人善良品质的特征。

17 存在的平凡或超然

一项“超平常”的任务

汲水和挑柴，是蕴含了超自然的动作。

——松尾芭蕉

研究禅宗，就是让生命中每时每刻都充满智慧，注重规律性和平凡性，以便与日常生活和谐相处。每刻都是平凡而神奇的。人们所说的“平凡”或“普通”的状态，是平庸和非平庸尚未分离的前置状态：“普通”是简单的、自然的，而相反，“超凡”是制造出来的东西。虽然“平凡”和“普通”是超越二元性的概念，但“超凡”还不能达到统一的状态。“超凡”的东西是和理想状态相去甚远的，而“平凡”是事物的最终状态。理想的清洁只能是这种通常情况的理想状态。洗碗、打扫，并没有不断寻求成为某种状态（或试图显得如此），这是轻松和自由的秘密所在。无论是打扫卫生、读诗还是看望朋友，一切都很重要。禅宗宣扬任何事都不能被遗漏。清洁、秩序、环境控制，与成功的社交、社交软件上朋友的数量、购买的乐趣同样重要，甚至有过之而无不及。真正的财富，是能够承担自己的生活，让个人参与日常生活中的所有小事，不断获得生活气息。之所以要在物质上保持简单和适度，是为了在其他领域的体验更丰富。

生活的意义

是何其欣喜，
锅碗瓢盆在屋中，
晨起见朝露。

——与谢芜村《雪之影》

在禅宗寺庙里，生活精简为最基本的东西，以免迷失在生活的旋风中。我们睡觉、起床、禅坐、吃早餐、休息片刻、回来工作，我们一遍遍以相同的方式重复一切。这些都是生活的基本活动，是我们很多人试图破坏或匆忙完成的。然而，这些都是知识的大门，是直接经历的现实精髓。正是这种现实为我们注入了精神，注入了生命气息。这种现实揭示了我们存在于此的意义。为了尽可能完美和充分地享受生活，这种“不寻常”（体现普通、谦虚、谨慎、节制的任务）被日本人视为一个人的最高品质。正是在这些任务中，才能最好地揭示我们精神层面的美好：优雅的生活对于分散自我而非统一自我的模式倾向，有着惊人的漠视；优雅的价值观与我们的梦想和欲望形成鲜明的对比。

莫兰迪之光

这位意大利画家，与他的两个姐妹在博洛尼亚的一所旧公寓住了五十多年。他的工作室总是一成不变：简单无物，空落落，十分朴素。他从未改变过。66 岁时，他第一次出国旅行。他厌恶任何无法内化的野心。他又被称为“僧侣”。在工作室里，他在一张简单的桌子上准备了一组物品。这些东西他画了几十次，画出了平静的、神秘祥和的、令人欣慰的画作。对他来说，所有东西都很珍贵，即使是茶罐上的灰尘、罐子下的阴影。他说："一切都很神秘，我们如此，那些简单而朴素的东西也是如此。"这些东西，有光线笼罩，对他来说已经足够了。他与自己平和共处，同时也与尘埃相伴永久……

尘埃：永恒的重启

打扫房子后，尘埃似乎消失了。但它总是会回来。就像我们的思想，以及伴随我们一生的所有感受。据说时间如金色细沙，会在不经意间从我们指缝中轻轻落下。正是这由尘埃和细沙所刻画的时间，让人得以充分地享受当下。在修士的一天中，每刻都是宝藏。时间自有厚度，所以圣人能毫不费力地延续内心的转变，就像一条河流向着海洋奔流不息。

无论星辰还是世人，一切终究会化为尘土。这就是日本人所说的，一切事物永恒回归宇宙。在生活中欣赏我们不曾理解和不能理解的一切复杂事物，简单地生活，以真实之物滋养自己，就需要我们接受三个真理：

无一物持续不变；

无一物永不终结；

无一物完美无缺。

接受这些现实，就是接受我们所拥有的幸福的定义，认识到我们可以在真实和朴素的存在中找到清晰和优雅。

尘埃与佛教

架子上的灰尘，就像最远的星星一样神秘，我们都知道，我们对这两者一无所知。

——艾伦·瓦茨（Alan Watts）[①]《不安全感的礼赞》

尘土无处不在。佛陀曾经说过，我们所看到的只有尘埃。尘埃会遮蔽我们的思绪，因此，关注尘埃至关重要。

---

① 艾伦·瓦茨（1915—1973），英国作家、哲学家，他为西方读者解释和推广了东方哲学。

观察在阳光下玩耍的蜜色尘埃，看着它的金色颗粒浮起、旋转并反射光线，看着它们转过身，太小而无法抓住，这是一种冥想，可以由此进入一个失去理性的状态，可以由此沉溺于一种内心的放逐，并领悟宇宙的奥秘。

这些地板、墙壁、地面上的物质颗粒，还有门厅、外套、皮肤、狗毛、花粉上数以千计的微小尘埃实在多到无从想象。对于观察这世界在如此美好中解体的人来说，要思考的太多了。我们难道不会有一天也成为这尘埃？

结束语

法师用一把细树枝扫帚，一遍遍地清扫地面，在木板间，在角落里，不必赶走在阳光下起舞的尘埃。他喜欢尘埃的轻松自在，它难以察觉的坠落，总是让一切从头开始。

——维尔内·郎贝西《茶室与茶艺师》

理解家务的方式有很多种。它可以提供一个机会，可以丰富人的感官，或将其遮蔽，可以质疑这种生活方式，也可以接受它。

没有苦行主义的灵性，没有太过感性的物质主义，在其中，感官与精神和谐相处，没有内在的冲突，这就是家务可以教会我们的。做自己，而不是羞于把这项活动当作崇高的任务来对待，就是宣称，在社会、经济和政治等各种集体主义不断上升的时候，人类仍然有权为了日常问题而保留自己的尊严。

满足于做必做之事，或许是让你的生活变得神圣、成为其守护者的最好方式。不要试图改变外面的世界，而是要看清自己本身，更好地了解自己，更好地接受自己，然后忘却自己，这也许是获得宁静、能量和生命意义的秘密所在。我们必须停止以幸福的名义摧毁身体和灵魂。让我们学会快乐地活在当下，欣赏今天可以获得的幸福。让我们停止追逐明天、担忧过往，而成为最好的自己。通过家务，找回平静、活力、坚定、自由和清醒。让我们学会从生活中获取它所能提供的东西。

这个习惯的特殊性和丰富性在于，它是一个宏大的概念，也同时是一个小小的举动、一个生活元素，可以在具体的日常生活中观察到。

让我们充满感恩、满足、喜悦和觉悟，完成我们与生俱来的任务，正是这一切将我们提升到文明开化的地位。愿我们的命运井然有序，平和而洁净。正是做家务为我们开辟了正道。

荡尽从前垃圾堆，依然满地是尘埃。

等闲和柄都抛却，五叶昙花帚上开。

——中峰明本[①]

① 中峰明本（1263—1323），元代僧人，俗姓孙，号中峰，法号智觉，西天目山住持。明本是元代最为杰出的高僧，曾被皇帝赐号“广慧禅师”，并赐谥“普应国师”。明本能诗善曲，在文学上有相当造诣，尤其表现在作诗方面，不少真迹当时由日本留学僧带回，现珍藏在日本。本诗名为《扫地》，见《天目中峰和尚广录》卷三十。